水电水利规划设计总院
China Renewable Energy Engineering Institute

中国可再生能源发展报告 2022

CHINA RENEWABLE ENERGY
DEVELOPMENT REPORT

水电水利规划设计总院　编

中国水利水电出版社
www.waterpub.com.cn
· 北京 ·

图书在版编目（CIP）数据

中国可再生能源发展报告. 2022 / 水电水利规划设
计总院编. -- 北京 : 中国水利水电出版社，2023.6
ISBN 978-7-5226-1539-4

Ⅰ. ①中… Ⅱ. ①水… Ⅲ. ①再生能源－能源发展－
研究报告－中国－2022 Ⅳ. ①F426.2

中国国家版本馆CIP数据核字(2023)第094196号

书　　名	**中国可再生能源发展报告 2022** ZHONGGUO KEZAISHENG NENGYUAN FAZHAN BAOGAO 2022
作　　者	水电水利规划设计总院　编
出版发行	中国水利水电出版社 （北京市海淀区玉渊潭南路 1 号 D 座　100038） 网址：www.waterpub.com.cn E-mail：sales@mwr.gov.cn 电话：(010) 68545888（营销中心）
经　　售	北京科水图书销售有限公司 电话：(010) 68545874、63202643 全国各地新华书店和相关出版物销售网点
排　　版	中国水利水电出版社微机排版中心
印　　刷	天津嘉恒印务有限公司
规　　格	210mm×285mm　16 开本　8.75 印张　211 千字
版　　次	2023 年 6 月第 1 版　2023 年 6 月第 1 次印刷
定　　价	**298.00 元**

凡购买我社图书，如有缺页、倒页、脱页的，本社营销中心负责调换

版权所有·侵权必究

编 委 会

主　　任　李　昇　易跃春

副 主 任　王忠耀　顾洪宾　龚和平　何　忠　赵全胜　郭建欣
　　　　　　薛联芳　郭万侦　马　伟　李修树

主　　编　赵增海　张益国　彭才德

副 主 编　王化中　谢宏文　郭雁珩　朱方亮　辛颂旭　姜　昊
　　　　　　宋述军

编写人员　韦惠肖　韩　冬　崔正辉　任伟楠　刘　霄　吕　嵩
　　　　　　于雄飞　乔　勇　段　聪　张　鹏　陈　长　王跃峰
　　　　　　李少彦　艾　琳　许　帅　陆国成　陈　龙　胡肇伟
　　　　　　李彦洁　常昊天　耿大洲　王　欢　周小溪　李宏宇
　　　　　　陈自立　王伶俐　武明鑫　姚　虞　周兴波　邱　辰
　　　　　　马实一　魏景东　肖段龙　尹华政　马琳琳　冯泽深
　　　　　　司俊龙　章国勇　陈国生　王汉斌　江　婷　杨子儒

2022 年是极不平凡的一年。 新冠肺炎疫情延宕反复，极端气象事件频率和严重程度持续增加，全球地缘政治博弈持续，乌克兰危机升级引发能源危机，世界能源格局加快重塑。 为应对这些新情况和新挑战，大力发展可再生能源已经成为保障世界能源安全和推动能源转型发展、应对气候变化的必然选择。 中国明确提出加快规划建设新型能源体系的目标，指明了中国能源转型发展的战略方向，中国可再生能源事业正处于快速发展的重大机遇期。

2022 年是全面落实"十四五"规划的关键之年，是党的二十大胜利召开之年，是擘画了全面建设社会主义现代化国家、以中国式现代化全面推进中华民族伟大复兴宏伟蓝图的重要一年。 党的二十大报告中提出"积极稳妥推进碳达峰碳中和"是中国能源发展的根本遵循。 面对新冠肺炎疫情的强烈冲击和复杂严峻的国际形势，在党中央、国务院的坚强领导下，可再生能源行业参与者深入学习贯彻党的二十大精神，锚定碳达峰碳中和目标，围绕构建新型能源体系建设，大力发展可再生能源，推动中国可再生能源事业实现新突破、迈上新台阶、进入新阶段。

2022 年，中国可再生能源发展成绩斐然。 全年新增可再生能源装机容量 1.52 亿 kW，占全国新增发电装机容量的 76.2%，是新增电力装机的主力。 其中，风电新增容量 3763 万 kW、太阳能发电新增容量 8741 万 kW、生物质发电新增容量 334 万 kW、常规水电新增容量 1507 万 kW、抽水蓄能新增容量 880 万 kW。 截至 2022 年年底，中国可再生能源装机容量达 12.13 亿 kW，超过了煤电装机规模，在各类电源总装机容量占比上升到 47.3%；年发电量 2.7 万亿 kW·h，占全社会用电量的 31.6%。 其中，风电、光伏年发电量首次突破 1 万亿 kW·h，接近中国城乡居民生活用电量。 可再生能源在保障能源供应方面发挥的作用越来越明显。

2022 年，中国可再生能源事业捷报频传。 以沙漠、戈壁、荒漠地区为重点的大型风电光伏基地建设全面推进，白鹤滩水电站 16 台机组全部投产，以乌东德、白鹤滩、溪洛渡、向家坝、三峡、葛洲坝为核心的世界最大"清洁能源走廊"全面建成；抽水蓄能建设明显加快，全年新核准抽水蓄能项目 48 个，合计装机容量 6890 万 kW，已超过"十三五"时期全部核准规模。 科技创新取得新突破，陆上 6MW 级、海上 10MW 级风电机组已成为主流，量产单晶硅电池的平均转换效率已达到 23.1%。 光伏治沙、"农业＋光伏"、可再生能源制氢等新模式新业态不断涌现，分布式发展成为光伏发展的重要方式。 全球新能源产业重心进一步向中国转移，中国生产的光伏组件、风力发电机、齿轮箱等关键零部件占全球市场份额的 70%。 2022 年中国可再生能源发电量相当于减排全国二氧化碳约 22.6 亿 t，出口的风电光伏产品可为其他国家减排二氧化碳约 5.7 亿 t，合计减排二氧化碳 28.3 亿 t，约占全球同期可再生能源折算二氧化碳减排量的 41%。 中国为全球应对气候变化作出重要贡献。

　　大力发展可再生能源是满足人民对于美好生活的向往、实现碳达峰碳中和目标、履行应对气候变化自主贡献承诺、践行"绿水青山就是金山银山"理念、促进区域协调发展的重要力量，意义重大、使命光荣、任务艰巨。"犯其至难而图其至远"，水电水利规划设计总院愿与可再生能源行业同仁一道，同心协力、锐意进取、克难攻坚，奋力谱写可再生能源高质量跃升发展新篇章，把中国可再生能源事业的发展蓝图书写在祖国的万里山河。

　　《中国可再生能源发展报告 2022》是水电水利规划设计总院编写的第七个年度发展报告，报告坚持深入贯彻落实"四个革命、一个合作"的能源安全新战略，立足于积极稳妥推进碳达峰碳中和总目标，对中国可再生能源年度发展状况进行系统梳理和综合分析。 在报告编写过程中，得到了能源主管部门、相关企业、有关机构的大力支持和指导，在此谨致衷心感谢！

水电水利规划设计总院

二〇二三年·六月　北京

目　录

1 发展综述

1.1
发展形势

大力发展可再生能源是保障世界能源安全和推动能源转型发展的必然要求

2022 年，新冠肺炎疫情延宕反复，全球地缘政治博弈持续，乌克兰危机升级引发能源危机，世界能源格局加快重塑。 为应对新情况和新挑战，大力发展可再生能源，已经成为世界各国确保自身能源安全的重要举措。 2022 年 11 月，《联合国气候变化框架公约》第二十七次缔约方会议（COP27）最终达成决议，敦促缔约方采取大胆和迅速的行动，把全球升温（较工业革命以前）控制在远低于 2℃ 的水平，并努力保证 1.5℃ 目标的可能性存在。 为应对气候变化，大力发展可再生能源，对深入推动世界能源转型具有重要意义。

经过多年的发展和技术积累，中国已经成为世界可再生能源发展的主要力量。 以稳妥有序、安全降碳为重要原则，中国新时期的能源转型更加突出确保安全底线，对可再生能源发展提出新任务和新要求。 一方面，能源电力供应不平衡不充分仍然存在，局部地区、局部时段电力供应紧张问题依然突出；另一方面，新能源快速发展对系统调节能力提出了巨大需求，灵活调节能力快速提升任务艰巨。 此外，全球变暖导致的极端气象事件频率和严重程度持续增加，给可再生能源安全可靠供应带来新挑战。 新的经济发展格局、新的电力供需形势以及新型电力系统建设，对可再生能源的发展提出了更高的要求。

2022 年全球可再生能源新增装机规模接近 3 亿 kW

2022 年，全球可再生能源保持稳步发展，有 60 多个国家超过 10% 的发电量由可再生能源提供，水电、光伏发电、风电等可再生能源发电在能源新增供应中的比重不断增加，可再生能源发电装机容量占新增装机容量的比重达到 83%，为全球能源转型和经济复苏贡献了重要力量。

2022 年，全球可再生能源发电装机容量达 337179 万 kW，新增装机容量达 29456 万 kW，增长率为 9.6%；中国是全球可再生能源发电新增装机容量最大贡献者，新增装机 15225 万 kW，占全球新增装机容量的 51.7%。 2022 年，全球水电（含抽水蓄能）装机容量 139259 万 kW，较 2021 年增长 2988 万 kW，新增装机主要集中在亚洲，特别是中国白鹤滩水电站（1600 万 kW）等巨型水电项目顺利投产，对新增规模贡献很大；全球光伏发电装机容量 104661 万 kW，较 2021 年增长 19145 万 kW，新增装机主要集中在亚洲、欧洲和北美洲；全球风电装机容量达 89882 万 kW，较 2021 年增长 7465 万 kW，其中陆上新增装机容量 6571 万 kW，海上风电新增装机容量 895 万 kW，新增装机主要集中在亚洲、欧洲和北美洲。2017—2022 年全球可再生能源发电累计装机容量和增长率如图 1.1 所示。

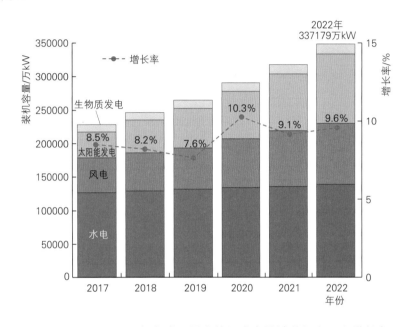

图 1.1　2017—2022 年全球可再生能源发电累计装机容量和增长率

1.2 2022 年基本情况

截至 2022 年年底，中国可再生能源发电装机容量

121287 万 kW

占全部发电装机容量的

47.3%

可再生能源发电装机突破 12 亿 kW

截至 2022 年年底，中国全口径发电总装机容量 256405 万 kW，同比增长 7.8%，其中火电装机容量 129107 万 kW，核电装机容量 5553 万 kW，可再生能源发电装机容量 121287 万 kW，同比增长约 14.4%。2022 年可再生能源发电装机容量占全部发电装机容量的 47.3%，较 2021 年提高 2.5 个百分点。可再生能源发电新增装机容量占全国新增装机容量的 76.2%，是中国电力新增装机的主体。风电、光伏发电新增装机 1.25 亿 kW，连续三年突破 1 亿 kW，再创历史新高。

可再生能源发电装机中，水电装机容量 41350 万 kW（含抽水蓄能 4579 万 kW），占全部发电装机容量的 16.1%；风电装机容量 36544 万 kW，占全部发电装机容量的 14.3%；太阳能发电装机容量 39261 万 kW，占全部发电装机容量的 15.3%；生物质发电装机容量 4132 万 kW，占全部发电装机容量的 1.6%。

2022 年与 2021 年各类电源装机容量对比见表 1.1，2017—2022 年可再生能源发电装机容量比例变化情况如图 1.2 所示，可再生能源发电装

机容量变化情况和增长率如图 1.3 所示，2022 年各类电源装机容量及占
比如图 1.4 所示。

表 1.1	2022 年与 2021 年各类电源装机容量对比		
电源类型	装机容量/万 kW		增减比例/%
	2022 年	2021 年	
各类电源总装机容量	256405	237777	7.8
可再生能源发电	121287	106062	14.4
水电	41350	38963	6.1
其中：抽水蓄能	4579	3699	23.8
风电	36544	32781	11.5
太阳能发电	39261	30520	28.6
其中：光伏发电	39204	30463	28.7
光热发电	57	57	0
生物质发电	4132	3798	8.8
核电	5553	5326	4.3
火电	129107	125933	2.5

注 1. 对 2021 年部分数据进行了核实调整。
2. 表中核电和火电装机容量数据引自中国电力企业联合会发布的相关报告。
3. 本报告中火电装机容量均不含生物质发电装机容量。

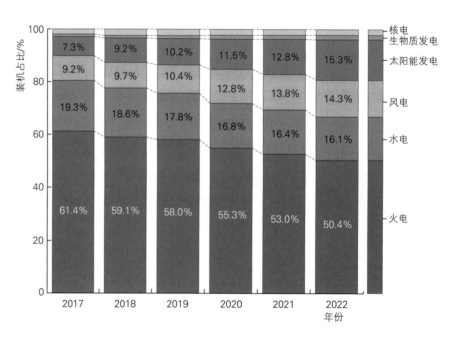

图 1.2　2017—2022 年可再生能源发电装机容量比例变化情况

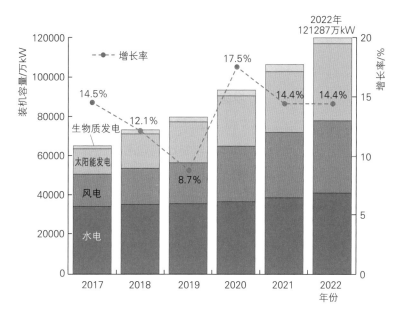

图 1.3　2017—2022 年可再生能源发电装机容量变化情况和增长率

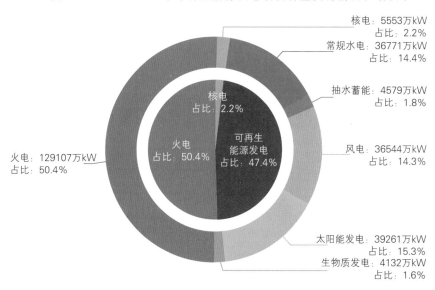

图 1.4　2022 年各类电源装机容量及占比

可再生能源发电量超过 2.7 万亿 kW·h

2022 年中国可再生能源发电量

27274 亿 kW·h

占全社会用电量的

31.6%

2022 年，中国全口径总发电量为 86941 亿 kW·h，同比增长 3.6%，其中火电发电量 55483 亿 kW·h，核电发电量 4178 亿 kW·h，可再生能源发电量 27274 亿 kW·h，同比增长约 9.7%。2022 年可再生能源发电量占全社会用电量的 31.6%，较 2021 年提高 1.7 个百分点。

2022 年可再生能源新增发电量 2410 亿 kW·h，占新增发电量的 80.8%。

可再生能源发电量中，水电发电量 13550 亿 kW·h，占全部发电量的 15.6%；风电发电量 7624 亿 kW·h，占全部发电量的 8.8%；太阳能发电量 4276 亿 kW·h，占全部发电量的 4.9%；生物质发电量 1824 亿 kW·h，占全部发电量的 2.1%。风电、光伏发电量合计突破 1 万亿 kW·h，达到 1.19 万亿 kW·h，占全社会用电量的 13.8%，接近全国城乡居民生活用电量。

2022 年与 2021 年各类电源发电量见表 1.2，2017—2022 年可再生能源年发电量比例如图 1.5 所示，可再生能源发电量变化情况和增长率如图 1.6 所示，2022 年各类电源年发电量及占比如图 1.7 所示。

表 1.2	2022 年与 2021 年各类电源发电量一览表		
电源类型	发电量/(亿 kW·h)		增减比例/%
	2022 年	2021 年	
各类电源总发电量	86941	83959	3.6
可再生能源发电	27274	24864	9.7
水电	13550	13399	1.1
风电	7624	6558	16.3
太阳能发电	4276	3270	30.8
生物质发电	1824	1637	11.4
核电	4178	4075	2.5
火电	55483	55018	0.8

注 1. 对 2021 年部分数据进行了核实调整。
 2. 表中核电和火电发电量数据引自中国电力企业联合会发布的相关报告。
 3. 本报告中火电发电量均不含生物质发电量。

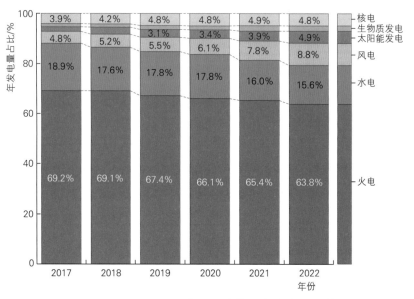

图 1.5　2017—2022 年可再生能源年发电量比例

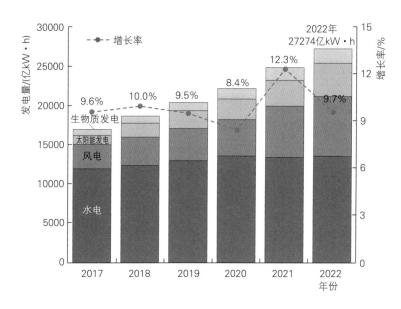

图 1.6   2017—2022 年可再生能源发电量变化情况和增长率

2022 年风电、太阳能发电和生物质发电等非水可再生能源发电量 13724 亿 kW·h，占可再生能源发电量的 50.3%。

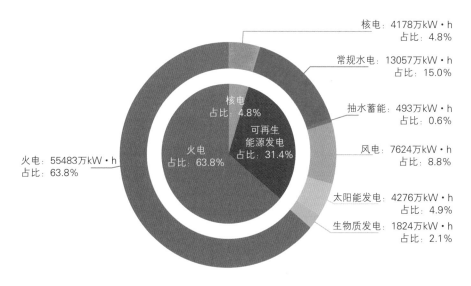

图 1.7   2022 年各类电源年发电量及占比

生物质能非电利用及其他可再生能源利用稳步推进

2022 年全国生物质能非电利用规模达到 1686 万 t 标准煤，占生物质利用规模总量的 26.8%。 其中生物质天然气年产气规模 2.3 亿 m³，折合标准煤 30 万 t；固体成型燃料年产量 2400 万 t，折合标准煤 1200 万 t；生物液体燃料年产量 450 万 t，折合标准煤 456 万 t。 2022 年，为进一步贯彻落实《关于促进地热能开发利用的若干意见》（国能发新能规

〔2021〕43 号）要求，河南、湖北、山西等多省积极布局地热资源勘查，提出地热规模化发展目标，不断提高地热供暖（制冷）比例；各地因地制宜，开展示范项目以及示范区建设，加强技术装备研发，不断提高地热开发利用效率；逐步规范地热产业管理，出台支持政策，为地热企业松绑减负，激发市场主体活力，促进地热开发利用持续稳定增长。2022 年，中国继续成为全球海洋能利用的主要推动者，引领全球装机规模提升，助推技术创新升级，促进规模化项目示范，世界单机容量最大、中国首个兆瓦级潮流能发电机组"奋进号"已于 2022 年 2 月在浙江秀山岛海域并网发电；世界首台兆瓦级漂浮式波浪能发电装置已开工建造，未来将组建成为以波浪能为主体电源的新型电力系统示范岛；中国自主研发的半潜式波浪能深远海智能养殖旅游平台"闽投 1 号"已投入运营。

重大工程建设提挡增速

以沙漠、戈壁、荒漠地区为重点的大型风电光伏基地建设进展顺利，第一批 9705 万 kW 基地项目已全面开工、部分已建成投产，第二批基地部分项目陆续开工，初步形成第三批基地项目清单。 水电建设积极推进，白鹤滩水电站 16 台机组全部建成投产，金沙江下游及长江干流上的 6 座巨型梯级水电站——乌东德、白鹤滩、溪洛渡、向家坝、三峡、葛洲坝形成世界最大"清洁能源走廊"。 抽水蓄能建设明显加快，2022 年，全国新核准抽水蓄能项目 48 个，装机 6890 万 kW，已超过"十三五"时期全部核准规模，全年新投产 880 万 kW，创历史新高。

技术与市场创新高度活跃

产业技术与装备制造能力持续增强，陆上 6MW 级、海上 10MW 级风机已成为主流，量产单晶硅电池的平均转换效率已达到 23.1%。 各类市场主体多、竞争充分，市场创新活力强，光伏治沙、"农业＋光伏"、可再生能源制氢等新模式新业态不断涌现，分布式发展成为光伏发展主要方式，分布式光伏年新增装机 5111 万 kW，并呈现集中式电站、工商业分布式、户用光伏"三分天下"的新格局。

产业持续保持全球领先

水电产业优势明显，中国成为全球水电建设的中坚力量。 全球新能源产业重心进一步向中国转移，中国生产的光伏组件、风力发电机、齿轮箱等关键零部件占全球市场份额 70%。 光伏行业总产值突破 1.4 万亿元,光伏产品出口超过 512 亿美元。 2022 年,中国可再生能源发电量相当于减排国内二氧化碳约 22.6 亿 t,出口的风电光伏产品为其他国家减排二氧化碳约 5.73 亿 t,合计减排 28.3 亿 t,约占全球同期可再生能源折算碳减排量的 41%,为全球减排作出积极贡献。

复杂气候对可再生能源发电影响愈加明显

2022 年,中国气候状况总体偏差,暖干气候特征明显,旱涝灾害突出。 全国平均气温 10.51℃,较常年偏高 0.62℃,春、夏、秋三季气温均为历史同期最高。 全国平均降水量 606.1mm,较常年偏少 5%,降水偏少地区主要集中在长江中下游、西南、西北地区,对水电影响较大。 全国全年平均风速 2.64m/s(10m 高),同比下降 1.6%;风电较为集中的"三北"(东北、华北、西北)地区年平均风速 3.06m/s,同比下降 1.6%。 全国全年平均辐照度 1552.6kW·h/m²,同比增长 1.9%,湖北、河南同比增长超过 7%,安徽、重庆、江苏同比增长超过 6%。

2 常规水电

2.1
资源概况

中国水力资源
技术可开发量为

6.87 亿 kW

中国水力资源技术可开发量 6.87 亿 kW，位居世界首位

中国水力资源技术可开发量居世界首位。根据水力资源最新复查统计成果，中国水力资源技术可开发量为 6.87 亿 kW，年发电量约 3 万亿 kW·h，与 2021 年相比无变化。中国水力资源技术可开发量及区域分布如图 2.1 所示。

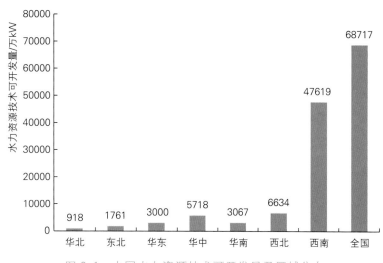

图 2.1 中国水力资源技术可开发量及区域分布

2.2
发展现状

截至 2022 年年底，
中国常规水电已建装机容量

36771 万 kW
在建装机容量约

2700 万 kW
2022 年常规水电新增
投产规模

1507 万 kW

常规水电已建装机容量 36771 万 kW

截至 2022 年年底，中国常规水电已建装机容量 36771 万 kW，其中，装机容量超过 500 万 kW 的省份共计 14 个，主要分布在西南、华中、华南、华东、西北。四川（9749 万 kW）、云南（8112 万 kW）、湖北（3653 万 kW）分列全国水电装机容量前三位，三省合计水电装机占全国水电装机的 58.5%，排名分列 4～10 位的省份是贵州、广西、湖南、青海、福建、甘肃和新疆，排名前十的省份合计水电装机容量 31474 万 kW，占全国水电总装机容量的比例 85.6%。主要省份常规水电装机容量如图 2.2 所示。

常规水电新增投产 1507 万 kW

2022 年常规水电新增投产规模 1507 万 kW，较 2021 年投产规模（1800 万 kW）略有下降，新投产装机主要分布在四川、云南、西藏等地区。其中新增投产的大型水电站（机组）1242 万 kW，主要包括金沙江白鹤滩水电站（1000 万 kW/1600 万 kW，2022 年新投产规模/电站总装机

容量，下同）、苏洼龙水电站（120 万 kW/120 万 kW），雅砻江两河口水电站（50 万 kW/300 万 kW），红水河大藤峡水利枢纽（40 万 kW/160 万 kW），汉江旬阳水电站（32 万 kW/32 万 kW）等。

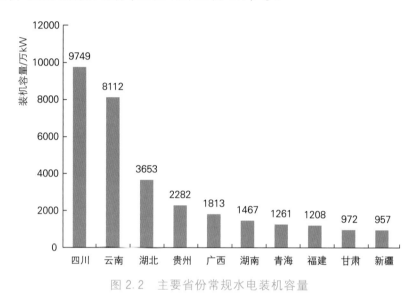

图 2.2　主要省份常规水电装机容量

大型常规水电站在建装机容量 2700 万 kW，其中新增核准 300 万 kW

截至 2022 年年底，全国在建大型常规水电站合计装机容量（按在建机组统计）约 2700 万 kW，主要分布在金沙江、大渡河、雅砻江等流域，此外黄河上游、红水河、乌江等流域也有部分在建水电站。2022 年在建大型常规水电站基本情况见表 2.1。

表 2.1	2022 年在建大型常规水电站基本情况	
		单位:万 kW

流域	在 建 项 目	在建装机容量
金沙江	叶巴滩、拉哇、巴塘、银江、旭龙	778
黄河上游	玛尔挡、李家峡（扩机）、羊曲	380
雅砻江	孟底沟、卡拉	342
大渡河	巴拉、双江口、金川、硬梁包、绰斯甲、沙坪一级、枕头坝二级	578
其他河流	扎拉、大藤峡、白马、大石峡等	622
合　计		2700

常规水电已建、在建总装机容量约 3.95 亿 kW，技术开发程度约为 57.5%，中国水力资源开发利用分区情况如图 2.3 所示。

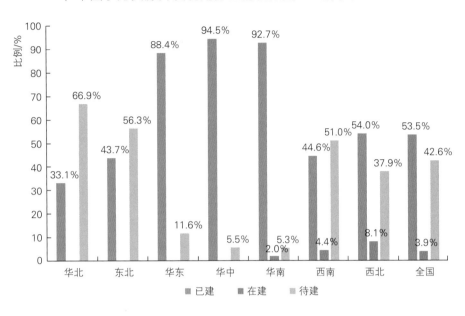

图 2.3　中国水力资源开发利用分区情况

2022 年，新核准的大型常规水电站主要有金沙江旭龙水电站（240 万 kW）、西南诸河个别电站（60 万 kW），总装机容量 300 万 kW。

待开发水力资源主要集中在西南地区

截至 2022 年年底，中国剩余待开发水力资源约 2.93 亿 kW。考虑水力资源开发的多方面制约因素，近期来看，全国潜在可开发水力资源 1.1 亿～1.2 亿 kW。

从行政分区来看，未来水电开发将主要集中在西藏自治区。截至 2022 年年底，西藏自治区已建、在建水电装机规模仅占全自治区技术可开发量的 4.0%，未来水电发展潜力巨大。

从流域分布来看，中国水能资源主要集中在金沙江、长江、雅砻江、黄河、大渡河、红水河、乌江和西南诸河等流域，上述流域规划电站总装机容量约 3.75 亿 kW，占全国资源量的一半以上。

截至 2022 年年底，上述主要流域已建常规水电装机规模 1.83 亿 kW，占全国已建常规水电装机规模的比例约 49.8%。其中，乌江、红水河、大渡河、金沙江、长江上游等 5 条河流开发程度较高，已建、在建比例已达 80% 以上；雅砻江、黄河上游已建、在建比例为 70%～80%，还有一定的发展潜力。中国水电开发的重点是西南诸河，目前已建、在建开发程度仅为 16% 左右，未来开发潜力大。

截至 2022 年年底，主要流域已建常规水电装机规模

1.83 亿 kW

占全国已建常规水电装机规模的比例约

49.8%

2022 年主要流域水电开发基本情况见表 2.2。

表 2.2	2022 年主要流域水电开发基本情况			
序号	河流名称	技术可开发量 /万 kW	已建规模 /万 kW	在建规模 /万 kW
1	金沙江	8167	6032	778
2	长江上游	3128	2522	—
3	雅砻江	2862	1920	342
4	黄河上游	2665	1508	380
5	大渡河	2496	1737	464
6	红水河	1508	1208	160
7	乌江	1158	1110	48
8	西南诸河	15559	2288	200
	合 计	37543	18325	2372

注 已建、在建规模按电站装机容量统计。

2.3
前期工作

规划项目储备约 3000 万 kW，规模总体有限

中国规划待开发常规水电主要分布在金沙江、雅砻江、大渡河、黄河干流及西南诸河等流域。 基于已有的河流水电规划，截至 2022 年年底，正在开展前期工作的大中型水电站项目装机规模合计约 3000 万 kW，其中，金沙江干流 5 个电站，装机规模约 940 万 kW；雅砻江干流中游河段 3 个电站，装机规模约 370 万 kW；大渡河干流 5 个电站，装机规模约 300 万 kW；黄河上游干流 1 个电站，装机规模约 260 万 kW；西南诸河 10 个电站，装机规模约 1100 万 kW。

2022 年，金沙江龙盘、奔子栏等重大水电工程前期研究论证和设计优化稳步推进，龙盘水电站完成预可行性研究报告审查，有序推进可行性研究勘测设计工作；奔子栏水电站完成可行性研究阶段三大专题审查和咨询。 西南诸河流域部分水电站完成可行性研究审查。 雅砻江牙根一级、金沙江昌波等水电站报请国家发展改革委核准。

2022 年，完成黄河上游（龙羊峡—青铜峡河段）和雅砻江中下游（两河口—江口河段）水电规划调整报告评审并报送国家发展改革委，基本完成红水河干流和乌江干流水电规划调整工作。

2.4
投资建设

重大工程建设进展顺利

2022 年重大水电工程建设顺利推进。 木里河卡基娃水电站（45.24 万 kW）、立洲水电站（35.5 万 kW）、南捧河大丫口水电站（10.2 万 kW）、雅砻江杨房沟水电站（150 万 kW）枢纽工程竣工。 金沙江白鹤滩水电站（1600 万 kW）、苏洼龙水电站（120 万 kW）、雅砻江两河口（300 万 kW）水电站全部机组投产发电。

单位千瓦投资总体仍保持高位水平

2022 年核准常规水电站工程平均单位千瓦总投资为 13319 元，与 2021 年相比略有降低，主要是由于近两年常规电站核准数量较少，建设投资水平受开发个体资源禀赋、开发难度等因素影响差异较大。 因为核准电站集中于流域上游高原地区，总体开发建设难度较大，所以单位投资总体仍保持在高位水平。

2.5
质量安全

大中型水电工程建设质量安全总体水平稳步提升

大中型水电工程建设质量安全管理规范化水平进一步提高，违规重大设计变更和抢工期现象得到遏制，违反重要施工程序和施工方案的情况大幅减少，普遍性、关键性质量问题得到系统整治，一些重点工程以建设精品工程、百年工程为目标积极推进工程质量管理标准化，全国大中型水电工程建设质量安全总体水平稳步提升。 其中，白鹤滩水电站机组全部投产，投运以来各项功能均达到设计目标，枢纽建筑物各项性态指标均优于设计值，机组运行稳定高效；黄登水电站获得中国工程建设领域最高质量荣誉——国家优质工程金质奖。

中小型水电站安全生产风险需持续关注

部分小散远（规模小、分布散、地处偏远）、基础薄弱的小型水力发电企业存在安全意识不牢固、责任落实不到位、风险辨识不全面、隐患排查不彻底、作业方案不完善、检查监护不认真、应急管理不扎实等问题。 特别是电站机组设备、电力线路及水坝、渠（管）道的定期检查维修保养等安全生产方面问题突出。 2022 年 1 月，四川省甘孜藏族自治州关州水电站在机组检修过程中发生透水事故，造成 9 人死亡，事故损失巨大、教训惨痛。 为切实加强水电站和各类小散远发电企业的安全生产工作，国家能源局在全国范围内开展了水电站和小散远发电企业安全风险隐患排查整治专项行动。

2.6
运行管理

加强流域水电综合监测，提升运行管理水平

加强流域综合监测，助力流域水电综合效益提升。 截至 2022 年年底，流域水电综合监测中心完成了 444 座大中型水电站实时数据接入，装机容量 2.55 亿 kW，占常规水电总装机的 70%；30 万 kW 及以上水电站已接入 132 座水电站，装机容量占比 96%，实现对全国主要流域水能利用情况的实时监测。 2022 年，全国监测电站弃水电量 104 亿 kW·h，较上年减少 82 亿 kW·h，有效水能利用率 98.72%，同比提高 0.93%，彰显了流域综合监测助推流域水电综合效益提升的支撑作用。

聚焦行业焦点热点问题，服务能源保供和行业发展。 2022 年，长江流域汛期反枯，水电大省四川电力电量双短缺。 流域综合监测密切监测全国水雨情变化态势，滚动开展流域来水、水电发电量中长期预测，实现了全口径、全过程、多要素、多时间尺度的水电运行监测、预测和决策分析，服务能源保供和水电行业发展。

加强水电安全风险防控，提升流域安全与应急管理能力

流域水电安全与应急管理法规标准体系进一步健全。 为提升流域水电安全和应急能力，进一步完善法规标准体系，2022 年国家能源局发布《水电站等水利设施风险隐患排查整治专项行动方案》《电力行业网络安全管理办法》《水电站大坝运行安全应急管理办法》《重大电力安全隐患判定标准》《水电工程安全隐患判定标准》等法规标准。

流域水电安全与应急管理信息平台服务能力显著增强。 全国约 7000 座大中小型水电站实现基础信息数字化，水文、气象、地震、遥感、工程监测数据逐步丰富。 2022 年，流域水电安全与应急管理信息平台为国家能源局、国家防汛抗旱总指挥部、国家减灾委等提供可靠流域安全应急信息，发送全国 5 级以上地震影响水电站情况信息 27 次，发布"6·1"芦山地震、"6·8"泸定地震、麦兹巴赫冰川堰塞湖等多篇专题风险分析报告。

立足水电发展新阶段，流域水电安全管理与应急管理工作有序推进。 浙江滩坑，湖南凌津滩、柘溪、凤滩，四川福堂、龚嘴、柳坪、色尔古、仁宗海、紫兰坝，西藏金河等 20 座水电站大坝完成安全注册登记

或换证。 水电重大基础设施风险评估在各方共同努力下顺利推进。 社会公众理念逐渐跳出传统思维,"防患未然"的风险意识逐步提升。

2.7 技术进步

百万千瓦巨型混流式水轮发电机组全面投产

2022 年 12 月 20 日,白鹤滩水电站最后一台百万千瓦巨型混流式水轮发电机组顺利完成 72h 试运行,正式投产发电。 百万千瓦巨型混流式水轮发电机组突破了机组总体设计、水力开发、电磁设计、高效全空冷技术、推力轴承技术、24kV 电压等级定子绝缘、转轮动应力测试、材料研究、关键部件制造等重大关键技术,各项技术全面达到国际先进水平,部分关键技术达到国际领先水平,实现了中国高端装备制造的重大突破。

TBM 施工关键技术取得突破性成果

"超大埋深复杂地质长隧洞 TBM 施工关键技术"科技成果通过验收鉴定。 项目依托新疆 ABH 输水隧洞工程开展研究。 该工程隧洞全长约 41.8km,后 32.3km 采用 2 台敞开式 TBM 开挖,开挖洞径 6.53m。 隧洞穿越天山山脉,最大埋深 2268m,地层地质条件极其复杂,集高地应力、高地温、大涌水、大变形、大断层、有害气体于一体,是目前国内外在建难度最大的 TBM 施工项目之一。 该项目技术难度大、创新性强、实用效果好,整体上达到国际领先水平。

中国水电工程建设迈向智能化

中国水电工程建设正逐步向智能化迈进。 大岗山水电站研发了"数字大岗山"智能管理系统,实现了拱坝混凝土浇筑、灌浆以及安全监测等全过程数字化管控。 乌东德、白鹤滩水电站大坝施工全过程采用智能温控技术,实现了大坝混凝土的实时、在线、个性化智能控制与精细管理。 大古水电站构建以 BIM 为载体的工程智能管理系统,集成智能温控、智能碾压、智能拌和、智能灌浆等行业前沿技术,实现工程设计、建设、安装、调试全要素全生命周期数字化管控。 两河口大坝采用了智能化无人碾压技术,实现了机群同步作业、多仓面协同施工。 托巴水电站智慧砂石工厂采用粒形在线检测、视频监控、机器人智能巡检等技术,实现了水电工程砂石工厂的绿色智慧化生产。 双江口水电站研发并应用了大型地下工程建设的智能感知、自动分析、动态馈控协同响应成套关键技术，基本实现了大型地下工程施工安全与质量风险的自动识别、分级预警。

2.8 发展特点

主要流域水风光一体化进入新发展阶段

结合新形势下水电功能定位向电量供应和灵活调节并重转变，2022年在全国主要流域开展了水风光一体化规划研究工作，依托主要流域水电调节能力，新建一定规模的水电和抽水蓄能项目，对存量水电进行增容扩机，最大程度带动流域周边风光资源开发建设，实现水风光一体化开发建设，建立 100% 可再生能源生产输送消费新体系以及长期稳定经济可靠电力保供新能力。在金沙江、雅砻江、大渡河等流域规划布局多个大型流域水风光一体化基地，全面推进雅砻江、金沙江上游等水风光一体化示范基地开发建设，加强示范创新引领，探索一体化资源配置、一体化开发建设、一体化调度运行等，推动水风光协同开发取得新进展。

极端天气条件下水电大省电力保供面临挑战

2022 年，中国金沙江、澜沧江、乌江等多个流域遭遇不同程度的旱情，全年来水整体偏枯，其中长江流域整体来水严重偏枯，澜沧江流域整体来水偏枯约 10%，对以水电为主的省份电力保供造成影响。特别是四川省 2022 年遭遇最高极端温度、最少降水量、最高电力负荷"三最"叠加的局面，电力保供面临极大挑战。同时，两河口、白鹤滩等高坝大库建成投产，显著提升了流域调节能力，通过梯级水库群优化调度提升了流域整体效益发挥，在一定程度上弥补来水偏枯的不利影响。

流域水电扩机和电站增容改造取得新进展

在保护生态的前提下，流域水电扩机和增容改造可进一步提升水电灵活调节能力，支撑风电和光伏发电大规模开发。2022 年，积极推进主要流域水电基地优化升级，完成黄河上游（龙羊峡—青铜峡河段）和雅砻江中下游（两河口—江口河段）水电规划调整工作，提出相应河段梯级水电总扩机容量分别约 1400 万 kW、1000 万 kW；红水河和乌江干流水电规划调整主要研究工作基本完成；李家峡水电站扩机、五强溪水电站扩机等工程建设取得新进展。

3 抽水蓄能

3.1
资源情况

已纳入规划和储备的项目资源量达到 8.23 亿 kW

2021 年,国家能源局印发《抽水蓄能中长期发展规划(2021—2035 年)》(以下简称中长期发展规划),提出重点实施项目和储备项目约 7.26 亿 kW。 2022 年,山西省新选部分项目列入中长期发展规划,另有部分项目核准装机容量较规划装机容量发生了变化,中长期发展规划项目资源量新增 860 万 kW。 截至 2022 年年底,规划重点实施项目和储备项目总装机容量达到 7.36 亿 kW。 综合考虑历次选点规划和中长期规划,截至 2022 年年底,中国已纳入规划和储备的抽水蓄能站点资源总量约 8.23 亿 kW,其中已建 4579 万 kW,在建 1.21 亿 kW。

分区域看,华北、东北、华东、华中、南方、西南、西北电网的规划项目资源量分别为 8600 万 kW、10530 万 kW、10560 万 kW、12520 万 kW、13790 万 kW、10430 万 kW、15900 万 kW。 抽水蓄能站点资源量见图 3.1。

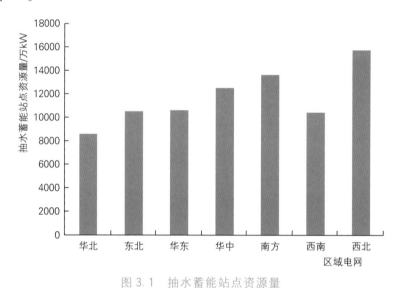

图 3.1 抽水蓄能站点资源量

3.2
发展现状

投产规模创历史新高

2022 年,新增投产装机规模 880 万 kW,创历史新高,包括吉林敦化(35 万 kW)、浙江长龙山(105 万 kW)、山东沂蒙(60 万 kW)、广东阳江(80 万 kW)、广东梅州(90 万 kW)、黑龙江荒沟(90 万 kW)等。

截至 2022 年年底,抽水蓄能电站投产总装机规模达到 4579 万 kW。其中,华东电网抽水蓄能装机规模最大,南方电网、华北电网次之,西北电网尚无投产的抽水蓄能机组。 已建投产抽水蓄能装机规模分布情况如图 3.2 所示。

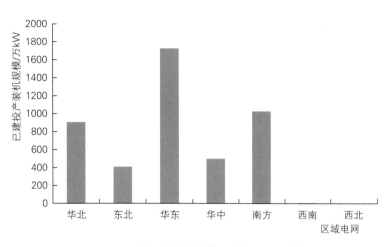

图 3.2 已建投产抽水蓄能装机规模分布情况

年度核准规模创历史新高

截至 2022 年年底，
已建投产总装机规模

4579 万 kW

核准在建总装机规模

1.21 亿 kW

2022 年新投产装机规模

880 万 kW

新核准建设装机规模

6890 万 kW

2022 年新核准抽水蓄能电站 48 座，核准总装机规模 6890 万 kW。其中，河北省 6 座，总装机规模 880 万 kW；内蒙古自治区 1 座，总装机规模 120 万 kW；浙江省 5 座，总装机规模 780 万 kW；安徽省 3 座，总装机规模 360 万 kW；江西省 1 座，总装机规模 180 万 kW；河南省 4 座，总装机规模 630 万 kW；湖北省 9 座，总装机规模 969.6 万 kW；湖南省 4 座，总装机规模 660 万 kW；广东省 4 座，总装机规模 500 万 kW；重庆市 2 座，总装机规模 240 万 kW；四川省 1 座，总装机规模 120 万 kW；贵州省 1 座，总装机规模 150 万 kW；甘肃省 4 座，总装机规模 540 万 kW；青海省 3 座，总装机规模 760 万 kW。 2022 年是历年来核准规模最大的一年，年度核准规模超过之前 50 年投产的总规模。

截至 2022 年年底，抽水蓄能电站在建总装机规模为 1.21 亿 kW，华中电网在建规模最大，其次为华东电网，华北电网和西北电网在建规模也较大，如图 3.3 所示。

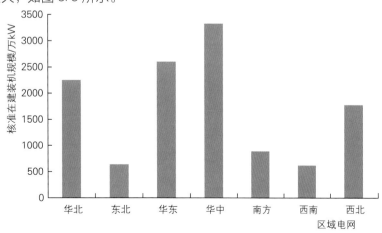

图 3.3 核准在建抽水蓄能装机规模分布情况

3.3
投资建设

工程建设成就显著

河北丰宁抽水蓄能电站总装机 360 万 kW，是世界上总装机容量最大的抽水蓄能电站，首次引进变速机组技术；广东阳江抽水蓄能电站单机容量 40 万 kW，为目前投产全国最大；广东梅州抽水蓄能电站主体工程开工至首台机组投产发电仅用时 41 个月，刷新了中国抽水蓄能电站建设最短工期纪录；黑龙江荒沟抽水蓄能电站位于牡丹江市海林市三道河子镇，是中国已建成纬度最高的抽水蓄能电站。

单位千瓦投资较 2021 年略有增加

2022 年核准抽水蓄能电站工程平均单位千瓦总投资约为 6665 元，与 2021 年平均单位造价 6507 元相比略有增加，较"十三五"期间平均水平 6300 元上涨约 5.8%。 抽水蓄能电站一定时期内投资水平较为稳定。 但从长期来看，受站点开发难度逐步增加和物价上涨因素影响，总体造价水平呈上涨趋势。 从核准电站单位投资与电站装机规模的关系来看，呈现较为明显的规模效应，随装机规模增大，单位投资整体呈降低趋势。 2022 年核准抽水蓄能电站单位千瓦总投资分布如图 3.4 所示。

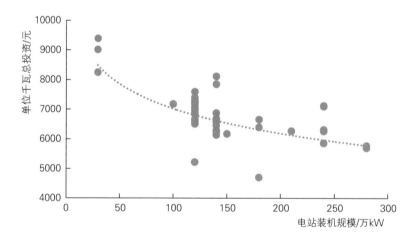

图 3.4　2022 年核准抽水蓄能电站单位千瓦总投资分布

3.4
质量安全

抽水蓄能电站工程建设质量安全总体水平稳步提升

抽水蓄能电站工程质量管理标准化工作在不断推进，工程建设质量安全管理规范化水平进一步提高，工程建设质量安全总体水平稳步提升。 绝大部分建设单位委托具有资质的单位在现场建立土建、金属、物探试验室等专业机构，委托监造单位对主要设备进行驻厂监造和出厂验收。 设备制造质量、工程建设质量稳步提高。 大直径 TBM 工法等新工艺新设备在工程中的应用也促进了工程质量安全的提升。

电站施工质量安全需持续关注

随着投资主体多元化，部分民营企业参与到抽水蓄能行业的开发建设，抽水蓄能电站建设进入快车道。 随着行业高速发展，从事工程质量安全管理人员数量、技术力量储备不足，施工技术管理和作业人员的技术培训有待加强，参建人员技术素质、精细化施工工艺有待提高，施工安全风险管控需持续加强。

3.5 运行管理

已投运抽水蓄能电站促进电力系统安全稳定运行效益显著

2022 年，全国主要已投运抽水蓄能电站在促进电力系统安全稳定运行方面效益显著，随着新能源并网增加，抽水蓄能机组运行强度持续加大。 国家电网区域 104 台抽蓄机组综合利用小时数约 2830h，同比上升 0.86％。 台均启动约 725 次/年，抽发超 69000 余次。

数智化安全管理体系逐步完善

随着抽水蓄能电站数量及经营规模不断发展扩大，安全管理任务量逐年提升。 为做好安全管理工作，抽水蓄能电站在设计初期就要提前谋划和部署，坚持关口前移，强化安全意识，以"人防＋物防＋技防"筑牢电站管理区安全屏障。 为解决管控人力资源不够、系统防范措施不到位等问题，运用"一网作战、一员多岗"的管理模式，不断升级安全管理预防和感知系统、视频监控系统、门禁系统、人员定位系统等安防系统，为电厂精准分析研判、及时调整安防决策提供支撑。 根据"高内聚、松耦合"的基本原则和高层模块化设计观念，不断提升安全监测系统、消防广播通信系统、水利（地质环境）智能预警系统等分系统的可扩展性和可伸缩性，持续推进"数智化"转型工作，加快建立完善安全管理信息化体系，为抽水蓄能电站的安全生产保驾护航。

3.6 技术进步

抽水蓄能电站隧洞群施工技术显著提升

近年来，中国在抽水蓄能电站隧洞群施工开展了革命性的技术升级，组织相关研究团队围绕抽水蓄能电站先进建设技术，在小断面小转弯半径 TBM 应用上取得了突破，在大断面平洞 TBM、斜井 TBM 等应用方案研究上取得重大进展，先后在山东文登、河北抚宁等抽水蓄能电站的自流排水洞、排水廊道等方面有序开展 TBM 技术的试点应用，过程中创造多项首创技术，填补了中国抽水蓄能电站地下洞室 TBM 施工空白。2022 年 3 月，由铁建重工设计制造的"平江号"TBM 在湖南平江抽水蓄能电站自流排水洞施工中，创造了中国同级别小断面 TBM 施工最高月进尺 602.1m 纪录。6 月，铁建重工"江源 15 号"硬岩隧道掘进机（TBM）在山西垣曲二期抽水蓄能电站勘探平洞实现日进尺 31.06m，打破了同样由铁建重工"平江号"TBM 保持的中国同级别小直径 TBM 施工 30.712m 的最高日进尺纪录。

中国首个抽蓄电站成套开关设备国产化

广东梅州抽水蓄能电站项目作为西开电气在抽水蓄能用开关设备领域"零突破"工程项目，同时也是中国首个抽水蓄能电站国产化开关设备示范项目，标志着中国掌握了该类设备的全套生产制造和试验能力，西开电气成功跻身为该类设备成套供应商之一，打破了国外供应商的长期垄断，解决了中国抽水蓄能电站重大装备的"卡脖子"问题。

世界首例梯级水光蓄互补电站联合运行发电系统示范工程建成

2022 年 5 月，四川春厂坝抽水蓄能电站正式并网发电，建成了世界首例梯级水光蓄互补电站联合运行发电系统示范工程，解决了梯级水电站和分布式光伏联合供电及送出问题，将为中国多个流域梯级水电站提供可借鉴可复制的工程实例，提升流域内水光等清洁能源的消纳，减少弃水和弃光电量，提升光伏友好接入能力；同时，该项目研发了中国首台全功率变速恒频可逆式抽蓄机组，实现了关键技术国产化，填补了中国技术空白，预期降低同类设备价格 20％以上。

3.7
发展特点

全产业链协调发展机制基本建立

以中国水力发电工程学会抽水蓄能行业分会的成立为标志，中国抽水蓄能全产业链协调发展机制基本建立。抽水蓄能行业分会成员主要包括抽水蓄能投资、设计、施工、装备制造企业及高等院校和科研机构等，以协会为平台，建立行业内常态化协调机制，对行业重大问题和共性问题进行衔接协调；发挥分会全产业链优势，开展产业发展监测，及时掌握动态，为政府决策、产业评估、会员投资等提供支撑。

又好又快高质量发展格局初步形成

2022 年 4 月，国家发展改革委、国家能源局联合印发通知，部署加快"十四五"时期抽水蓄能项目开发建设。 同时，随着抽水蓄能项目的增多，省级层面开始研究本省抽水蓄能项目管理措施，西藏自治区、青海省陆续出台《西藏自治区抽水蓄能项目建设管理暂行办法》《青海省抽水蓄能项目管理办法（暂行）》，对规范抽水蓄能项目、实现抽水蓄能全生命周期管理、推动抽水蓄能高质量发展具有重要作用。

发挥调节作用支撑新能源大基地规划建设

2022 年，围绕大型风电、光伏基地作出"顶层设计"，为行业发展指明方向。 国家发展改革委、国家能源局陆续印发《以沙漠、戈壁、荒漠地区为重点的大型风电光伏基地规划布局方案》《关于开展全国主要流域可再生能源一体化规划研究工作有关事项的通知》，以沙漠、戈壁、荒漠地区为重点的大型风电光伏基地和主要流域水风光一体化基地的建设亟须建设抽水蓄能等调峰储能电源，以提高可再生能源综合开发经济性和通道利用率，提升风电光伏开发规模、竞争力和发展质量，加快可再生能源大规模高比例发展进程。

4 风电

4.1
资源概况

2022 年全国陆上风能资源较常年略偏低

从全国总体来看，2022 年全国陆上 10m 高度年平均风速较近 10 年（2012—2021 年）平均风速偏低 0.82%，较 2021 年偏低 0.96%，属正常略偏小年景。其中，陆上 70m 高度年平均风速约 5.4m/s，年平均风功率密度约 193.1W/m²；100m 高度年平均风速约 5.7m/s，年平均风功率密度约 227.4W/m²。2012—2022 年全国陆上 10m 高度年平均风速及距平百分率统计如图 4.1 所示。

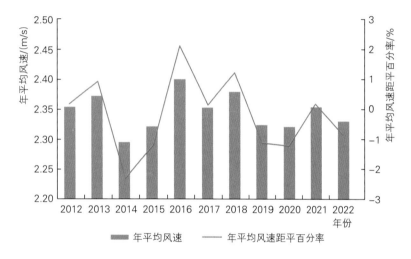

图 4.1　2012—2022 年全国陆上 10m 高度年平均风速
及距平百分率统计

从空间分布来看，中国风能资源丰富地区主要在东北大部、内蒙古、华北北部、华东北部、宁夏中南部、陕西北部、甘肃西部、新疆东部和北部的部分地区、青藏高原、云贵高原和广西等地的山区、中东部地区沿海等地。2022 年全国重点省份陆上 100m 高度年平均风速与风功率密度统计如图 4.2 所示。从各省（自治区、直辖市）平均风速距平变化来看，东北大部、内蒙古、华南和西南部分省份 10m 高度处平均风速与近 10 年平均值相比有所增加，其中重庆增幅明显；西北和西南以及华东地区各省份 10m 高度处平均风速有所下降，其中海南、河北、江苏、贵州、云南等省份降幅明显。2022 年全国重点省份陆上 10m 高度年平均风速距平百分率统计如图 4.3 所示。

从气象年景预测来看，综合考虑国内外多种气象模式数据结果，预测 2023 年全国 10m 高度平均风速总体保持稳定，较往年略有上升，同比增加约 2%。从地域分布来看，"三北"地区风速有一定提高，华南地区和西南地区风速有一定下降。按省（自治区、直辖市）统计，西藏、新

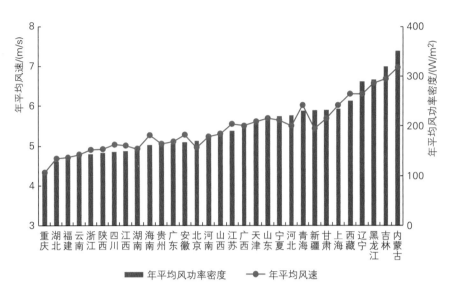

图 4.2　2022 年全国重点省份陆上 100m 高度年平均风速与风功率密度统计

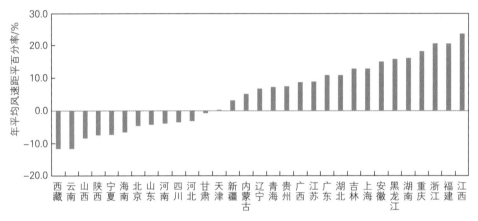

图 4.3　2022 年全国重点省份陆上 10m 高度年平均风速距平百分率统计

疆、宁夏增幅较大，广西、贵州、湖南和江西降幅较大。

全国海上风能资源较为丰富

中国大陆海岸线长 18000 多 km，受夏、秋季节热带气旋活动和冬、春季节北方冷空气影响，中国海上风能资源丰富。 在近海海域，大部分海区 100m 高度年平均风速超过 7m/s，年平均风功率密度可达 300W/m² 以上。 从海区分布来看，台湾海峡、南海东北部、东海南部等海域风能资源最为丰富，100m 高度年平均风功率密度超过 900W/m²；东海北部、南海中东部、南海西北部、黄海南部等 8 个海域风能资源相对丰富，100m 高度年平均风功率密度超过 600W/m²；北部湾、渤海、琼州海峡等海域风能资源较为丰富，100m 高度年平均风功率密度处于 300～600W/m² 之间。 全国各海域 100m 高度年平均风速与风功率密度统计如图 4.4 所示。

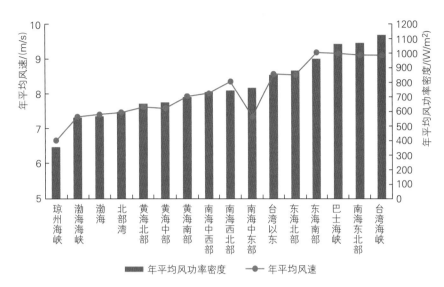

图 4.4 全国各海域 100m 高度年平均风速与风功率密度统计

4.2 发展现状

截至 2022 年年底，中国风电累计并网装机容量达到

36544 万 kW

同比增长

11.5%

约占全部电源累计装机容量的

14.3%

陆上新增装机平稳增长，海上新增规模阶段性下降

2022 年，中国风电行业克服新冠肺炎疫情影响，实现了装机规模的平稳增长。全年新增并网装机容量 3763 万 kW，超过近 5 年的平均新增装机规模。其中，陆上风电新增装机容量 3258 万 kW，同比增长 6.2%；海上风电新增装机容量 505 万 kW，同比下降 70.1%。截至 2022 年年底，中国风电累计并网装机容量达到 36544 万 kW，同比增长 11.5%，其中陆上风电累计装机容量 33498 万 kW，同比增长 10.9%，海上风电累计装机容量 3046 万 kW，同比增长 15.4%。风电累计装机容量约占全部电源累计装机容量的 14.3%，较 2021 年提升 0.5 个百分点。2012—2022 年中国风电装机容量及变化趋势如图 4.5 所示。

图 4.5 2012—2022 年中国风电装机容量及变化趋势

2022 年中国风电发电量达

7624 亿 kW·h

同比增长

16.3%

占全部电源总年发电量的

8.8%

发电量持续提升

风电年发电量占全国电源总发电量的比重持续提升，利用小时数保持较高水平。 2022 年，中国风电发电量达 7624 亿 kW·h，同比增长 16.3%，占全部电源总年发电量的 8.8%，较 2021 年提高 1.0 个百分点。 其中，西藏、浙江、广东增幅风电发电量增幅较大，年发电量超过 200 亿 kW·h 的省份有河北、山西、山东、内蒙古、辽宁、吉林、黑龙江、江苏、福建、河南、陕西、甘肃、宁夏、新疆、广东和云南。 2012—2022 年中国风电年发电量及占比变化趋势如图 4.6 所示。

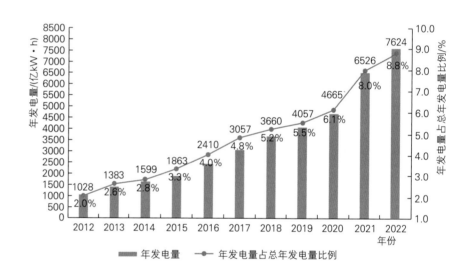

图 4.6　2012—2022 年中国风电年发电量及占比变化趋势

"三北"地区陆上装机、沿海地区海上装机规模占比逐步提升

一方面，"三北"地区充分发挥区域资源优势，积极推进大型风电基地建设，2022 年"三北"地区新增并网装机容量占比上升至74%，较 2021 年增长 35 个百分点。 累计并网装机占比上升至65%，较 2021 年增长 2 个百分点。 另一方面，沿海地区积极推动海上风电基地开发建设，海上风电新增并网装机容量占沿海地区风电新增并网装机容量的 42.3%，累计并网装机容量占比提升至25.1%，较 2021 年增长 1.5 个百分点。 2012—2022 年全国风电装机布局变化趋势如图 4.7 所示。

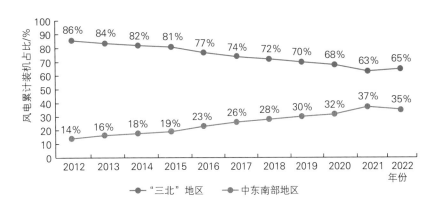

图 4.7 2012—2022 年全国风电装机布局变化趋势

4.3 产业概况

装备制造产业持续壮大，布局不断优化

中国风电装备制造产业规模持续壮大，具备风电机组整机生产制造能力的企业约 20 家，其中 6 家新增并网装机容量排名全球前十，风电机组整机产量居世界首位。装备制造产业体系完整，本地化率高。上游原材料供应链成熟，叶片、主轴、塔架、发电机、齿轮箱、电缆等核心关键零部件制造体系完备，风电机组制造本地化率不断提高，竞争力达到国际领先水平。装备制造布局不断优化。整机制造企业布局的总装生产基地超过 100 个，主要分布在 27 个省（自治区、直辖市）。其中陆上风电生产基地主要分布在内蒙古、甘肃、河北、天津、新疆等省份，海上风电生产基地主要分布在江苏、广东两省。

勘察设计与施工支撑能力逐步增强

中国风电行业拥有一批集电力和能源规划咨询、勘察设计、工程承包、装备制造、投资运营等完整业务链的特大型骨干企业，其中中国电建、中国能建位列 ENR 全球设计公司第一位和第二位。在勘察设计方面，全国具备风力发电设计咨询能力的单位超过百家，20 家具有工程设计综合甲级资质。在施工安装方面，陆上风电施工安装企业众多，海上风电施工单位超过 10 家，产业从业人员众多、施工工艺水平高、施工安装设备齐全、规范及验收体系健全，具备较强的风电施工安装建设支撑能力。

投资运营企业跨界布局多元化趋势明显

大型国有电力企业是中国风电市场参与主体，累计并网装机容量市场份额约占 70%。受"双碳"目标、市场化改革的影响，投资运营主体多元化程度逐步提高。 目前中国风电投资运营企业超过 200 家，民营企业、地方国企加大风电等节能降碳领域投资力度，投资风电产业热情度高，同时，跨行业参与风电开发建设企业增多，设备制造、水利工程、石油化工、交通运输在内的企业也在积极推进多元化跨界布局。 多种投资运营主体共同助力风电行业高质量发展。

4.4
投资建设

2022 年中国风电工程新增总投资约
2150 亿元

行业投资规模整体下降幅度较大

2022 年中国风电工程新增总投资约 2150 亿元，其中陆上风电新增投资约 1600 亿元，海上风电新增投资约 550 亿元，较 2021 年的 5200 亿元降低约 58.7%。 2022 年风电投资规模下降主要原因包括两个方面：一是产业建设成本降低，随着近年行业技术快速进步和产业迭代升级，风电机组大型化和运行效率提升，中国风电项目单位千瓦造价进一步下降；二是海上风电新增投资规模下降，海上风电项目单位千瓦造价约是陆上项目的 2 倍，影响程度相对较大，其投资规模大幅下降导致总投资的大幅减少。

陆上风电造价略有下降，海上风电造价降幅较大

风电项目造价主要包括设备及安装工程、建筑工程、施工辅助工程、其他工程、预备费和建设期利息 6 部分，设备及安装工程在项目总体造价中占比最大（约 60%），是项目整体造价指标的主导因素。

2022 年，受项目规模化开发和大容量机组批量化应用影响，陆上风电项目单位千瓦造价略有下降，风电整机设备价格处于 1600～1900 元之间。 2022 年陆上集中式平原（戈壁）地区、一般山地以及复杂山地风电项目单位千瓦造价分别约为 4800 元、5500 元和 6500 元，综合平均造价约 5800 元。 2022 年以后，随着陆上 6MW 以上单机容量机组推广应用，主机价格呈现进一步下降趋势，预计项目整体单位造价指标仍有一定下降空间。

2021 年年底海上风电集中并网后，2022 年全国新增开发规模大幅降低，设备供应及施工资源得以释放，供需关系导致的高成本情况迅速缓解，项目单位千瓦造价指标显著下降，山东、江苏等建设条件较好区域，个别项目总承包单位千瓦价格降低至 10000 元以下。 综合考虑不同省份海域建设条件差异，2022 年海上风电项目单位千瓦造价约为 11500 元。 随着海上风电深水远岸布局，柔性直流送出和漂浮式基础等创新技术应用，规模降本效应与场址开发难度增大因素交织，未来一段时期项目建设成本仍面临较大变化。 2013—2022 年全国风电单位千瓦造价趋势如图 4.8 所示。

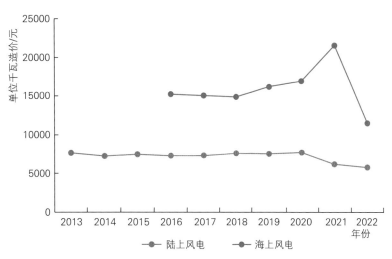

图 4.8　2013—2022 年全国风电单位千瓦造价趋势

4.5
运行消纳

2022 年全国风电年平均
利用小时数为
2259_h

年平均利用小时数略有增长

2022 年，全国风电年平均利用小时数为 2259h，较 2021 年增加 14h。分省（自治区、直辖市）来看，全国 17 个省（自治区、直辖市）风电年平均利用小时数较 2021 年有所增长，在年平均利用小时数较高地区中，福建 3346h、西藏 3096h、内蒙古东部地区 2725h，位居全国前三；在年平均利用小时数增长较多的地区中，西藏增长 1247h、福建增长 509h、内蒙古东部地区增长 473h，位居全国前三。其中，西藏地区风电总装机容量小，新增项目资源条件较好，西藏年平均利用小时数较上年有较大提升；福建新增海上风电项目集中于 2021 年年底并网，年利用小时数相对较高的海上风电项目，拉高了福建 2022 年整体水平。2012—2022 年中国风电年平均利用小时数对比如图 4.9 所示。

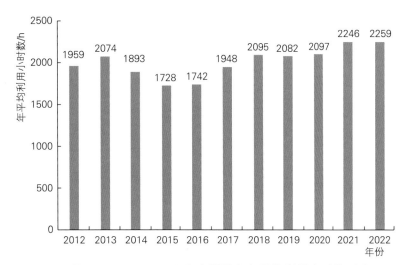

图 4.9　2012—2022 年中国风电年平均利用小时数对比

平均利用率持续保持较高水平

2022 年全国风电平均利用率 96.8%，继续保持较高水平。 其中，青海、新疆和内蒙古西部地区，风电年平均利用率分别为 92.7%、95.4%、92.9%，较 2021 年分别提升 3.4 个、2.8 个、1.8 个百分点。

2022 年风电平均利用率保持较高水平，主要得益于以下几个方面：一是政策环境良好，可再生能源消纳责任权重机制为推动行业高效利用提供政策保障；二是西北输电通道电源调峰能力提升，青海拉西瓦水电站全容量投运，有力保障了青豫直流特高压外送通道的安全稳定运行；三是电网网架结构进一步加强，西北主网 750kV 联络通道增加至 7 回，送受电能力均显著增强；四是风电参与市场化交易占比逐步提升，电力现货市场对风电消纳的促进作用初步显现。

4.6
技术进步

风电机组大型化趋势加速

风电机组单机容量不断增大：一是陆上风电机组单机容量不断突破，三一重能、哈电风能、中车等多家整机制造企业相继下线并吊装 7～8MW 单机容量的风电机组，明阳智能单机容量 8.5MW 风电机组取得设计认证，运达股份 9MW 级机型已完成发布。 二是海上风电大型化趋势加速，电气风电 11MW 级机组批量化应用，金风科技、中国海装等企业 16～18MW 级风电机组相继下线，中车 20MW 海上半直驱风力发电机成功发布。

风电机组叶片长度持续突破。 东方风电、运达股份、明阳智能等企业 110m 级风电叶片相继生产，中复连众、双瑞风电等 120m 长度等级的风电叶片研发成功并下线。 已发布风电机组机型中，陆上、海上风电机组配套的叶片长度分别达到 100m 左右、140m 左右。 高模玻纤材料及碳纤维主梁的使用、PET 芯材的替代、聚氨酯的拓展等创新技术不断出现。 2018—2022 年风电机组最大单机容量和叶片长度变化趋势如图 4.10 所示。

工程勘测设计水平稳步提升

一是风能资源评估与选址布局设计技术稳步发展。 以 GTSim、ENfast 为代表的多款整机载荷仿真软件实现自主研发，具备自主可控核心求解器的风资源仿真云平台 TF－SimFARM 正式上线，风资源评估分析系统

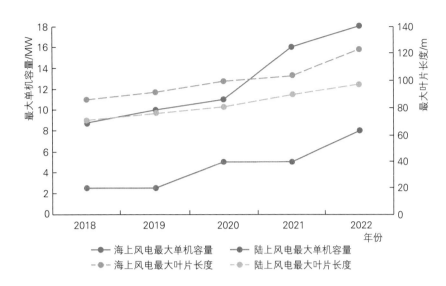

图 4.10 2018—2022 年风电机组最大单机容量和叶片长度变化趋势

"风匠"获鉴衡认证，标志着中国风电风资源精细化评估和微观选址设计水平持续提升。

二是超高塔筒和新型技术不断涌现。 金风科技成功发布 Double185 高塔、明阳自主研发设计的 160m 超高钢混塔架成功吊装，斜拉索式、分片式塔筒、自提升技术、3D 打印、木质塔筒等新技术不断取得突破。

三是深远海海上风电勘测设计技术不断提高。 中国最大的综合性勘探试验平台"中国三峡 101"投入运营，中国首台深远海浮式风电装备"扶摇号"顺利拖航至水深 65m 海域示范应用，助力海上风电向离岸 60km 以外或水深 40m 以上的深远海拓展迈进。

四是漂浮式海上风电机型设计创新应用。 总容量 16.6MW 的漂浮式双转子结构风电机组 OceanX 正式发布，扶摇号、观澜号等半潜式漂浮式风电机组从设计走向应用。

海上风电施工与输电技术快速提升

风电机组吊装方面，中国首艘起重＋运输一体化深远海风电施工船"乌东德"号成功交付，全球首艘新一代 2000t 级海上风电安装平台"白鹤滩"号开展作业，助力大型海上风电机组顺利施工安装。 桩基施工方面，3500kJ 超大型液压打桩锤完成国内最大风电单桩沉桩，世界首艘 140m 级打桩船"一航津桩"投入使用，助力深远海海上风电施工建设顺利实施。 送出输电方面，随着单体项目的不断增大，借鉴江苏如东 ±400kV 柔性直流输电工程顺利并网的成功经验，2022 年内部分海上风电项目完成 ±500kV 柔性直流输电工程和 500kV 交流输电工程勘测设计，集电线路电压等级由 35kV 向 66kV 转变。

4.7
质量安全

风电建设质量安全水平整体向好

风电项目经过多年建设发展，尤其是大批量集中并网带来的不利影响后，风电行业对建设质量和安全的认识逐步回归理性，工期压力有所减小。随着风电项目建设管理趋向规范，质量安全水平整体向好，质量安全事故数量较过去几年有所下降。

风电建设质量安全风险持续存在

风电项目具有施工工期短、部分区域施工条件较差、施工和运行环境复杂的特点，其建设质量安全风险仍持续存在：一是建设条件相对较好的场址越来越少，后续项目建设难度逐步提高，特别是海上风电项目由浅入深、由近及远，施工建设难度大幅提高；二是行业技术发展迅速，新兴技术尚需进一步验证。随着单机容量不断增大、塔架高度逐步提升、结构型式持续创新，尤其是海上风电吸力桩式导管架基础的大量应用和漂浮式基础成为研发热点，新兴技术尚未经历足够时间的运行考验，相关的施工、运行管理工作都需要不断总结和提高。

4.8
发展特点

基地化成为陆上风电开发的主要模式

中国统筹推进规划建设以沙漠、戈壁、荒漠地区为重点的大型风电光伏基地，第一批 9705 万 kW 基地项目已全面开工、部分已建成投产，第二批基地部分项目陆续开工。2022 年，在大型陆上风光基地开工建设、中东南部用地要求进一步提高的背景下，"三北"地区新增装机并网规模与开发建设规模占比均有提高，基地化发展成为陆上风电开发的主要模式，同时加速了陆上风电机组的大型化趋势。

海上风电新增规模阶段性回落，深远海开发加速

受补贴退坡与项目开发建设周期影响，海上风电项目在 2021 年出现了批量集中并网现象，结转至 2022 年施工建设的海上风电项目相对较少。伴随着新冠肺炎疫情影响、前期手续办理要求提高、安全施工要求趋严，海上风电建设所需周期有所延长，2022 年海上风电新增并网装机规模阶段性回落，全年新增并网装机容量 505 万 kW，同比下降 70%。其中，山东、广东两省新增装机合计约占全国新增装机的 69%。随着

离岸距离 95km 的汕头中澎二项目、水深超过 50m 的青州七项目、水深达到 100m 的万宁漂浮式项目等一批场址前期工作的推动，海上风电不断向深远海迈进。

分散式、高海拔风电逐步推动

在"十四五"可再生能源规划统筹部署"千乡万村驭风行动"的背景下，分散式风电试点示范工程相继取得突破，河南省淮滨县"千乡万村驭风行动"试点工程已率先开工建设。超高海拔区域的风电集中式开发起步。西藏自治区在内的全国主要流域可再生能源一体化规划研究工作已经开展，包括西藏山南措美县哲古（5100m）、那曲香茂（5100m）、那曲色尼区（4700m）等一批高海拔 50～100MW 集中式风电项目正在积极推进前期工作。

老旧风电场实现小批量技改

截至 2022 年年底，中国运行时间超过 15 年的风电场装机规模已达 585 万 kW，具备退役条件或改造升级需求的装机规模有望达到千万千瓦级，随着《风电场改造升级和退役管理办法》（征求意见稿）的发布，部分老旧风电场已着手开展更新试点工作。截至 2022 年年底，宁夏、河北、新疆、江苏、山西、山东、贵州多个省（自治区）的改造升级项目积极推进，其中部分项目的风电机组已完成批量技改，发电量和效率显著提高。

5 太阳能发电

5.1
资源概况

2022 年中国太阳辐照量较常年平均值偏高

中国太阳辐照分布整体呈现自西北向东南先增加再减少，而后又增加的趋势，中国太阳辐照总量等级和区域分布见表 5.1。 2022 年，全国平均年水平面总辐照量约 5628MJ/m²，与近 30 年（1992—2021 年）平均值相比偏高 2.99%；全国光伏发电年平均最佳斜面总辐照量约 6537MJ/m²，较近 30 年平均值偏高 2.30%。 2012—2022 年全国陆地年平均水平面总辐照量及距平百分率统计如图 5.1 所示。

表 5.1	中国太阳辐照总量等级和区域分布表	
名称	年总辐照量/(MJ/m²)	主 要 地 区
最丰富带	≥6300	西藏大部、青海中部及北部局部地区
很丰富带	5040～6300	新疆大部、内蒙古大部、西北中部及东部、华北、华东、华南东部
较丰富带	3780～5040	东北东部、四川东部、重庆、贵州、湖南西部、广西北部及东部
一般带	<3780	全国年水平面总辐照量几乎全大于3780MJ/m²，基本无太阳能资源一般地区

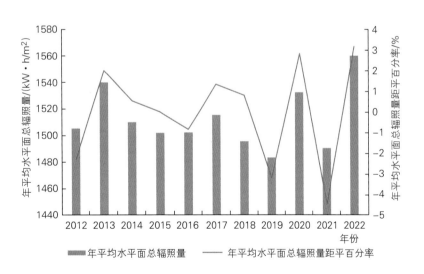

图 5.1　2012—2022 年全国陆地年平均水平面总辐照量及距平百分率统计

按区域统计，2022 年中国年平均水平面总辐照量西部地区较近 30 年平均值偏低，东部地区则偏高。 按省（自治区、直辖市）统计，甘肃、内蒙古、宁夏、海南年水平面总辐照量与近 30 年平均值较接近；云南、辽宁、黑龙江、吉林偏高，山东明显偏高，河北、山西、四川、北京、陕西、江苏、天津、上海、广西、河南、广东、浙江、福建、安徽、贵州、湖北、江西、湖南、重庆异常偏高；新疆、青海偏低，西藏明显偏低。 2022 年全国各省（自治区、直辖市）陆地水平面年总辐照量距平值如图 5.2 所示。

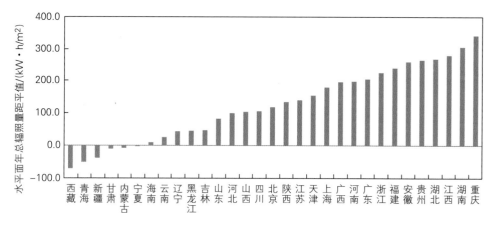

图 5.2　2022 年全国各省（自治区、直辖市）陆地水平面年总辐照量距平值

从气象年景预测来看，综合考虑国内外多种气象模式数据结果，预测 2023 年全国水平面总辐照量总体保持稳定，较往年略有上升，同比增加约 1.2%。 按省（自治区、直辖市）统计，全国除海南省外（-2%），各省份陆面累积辐射量较前三年同期均持平或略有增加，增幅在 1~3 个百分点，其中广西、贵州、北京、河北和辽宁增幅较大。

5.2 发展现状

截至 2022 年年底，中国太阳能发电累计装机容量达到
39261 万 kW
同比增长
28.6%
占全国电源总装机容量的
15.3%

装机规模持续快速增长

2022 年，中国太阳能发电新增装机容量 8741 万 kW，全部为光伏发电新增装机，较 2021 年同比增长 59.3%。 光伏发电年新增装机容量创历史新高，其中光伏电站新增装机容量 3629.4 万 kW，分布式光伏新增装机容量 5111.4 万 kW，分布式光伏新增规模继续超过光伏电站，在总新增装机容量中占比达到 58.5%。

截至 2022 年年底，中国太阳能发电累计装机容量达到 39261 万 kW，同比增长 28.6%。 其中光伏发电累计装机容量 39204 万 kW，光热发电累计装机容量 57 万 kW。 光伏发电累计装机容量同比增长 28.7%，其中，光伏电站累计装机容量 23442 万 kW，同比增长 18.3%；分布式光伏累计装机容量 15762 万 kW，同比增长 48.0%。 2011—2022 年中国光伏发电装机容量变化趋势如图 5.3 所示。 光伏新增装机容量与累计装机容量分别连续 10 年和 8 年位居全球首位。 2022 年太阳能发电累计装机容量占全国电源总装机容量的 15.3%，较 2021 年提高 2.4 个百分点。

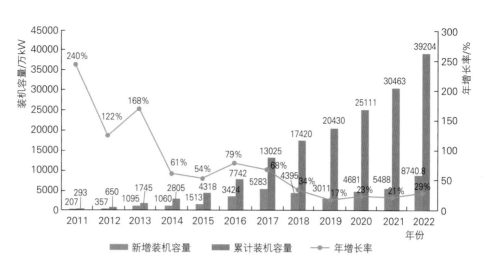

图 5.3　2011—2022 年中国光伏发电装机容量变化趋势

2022 年中国太阳能
发电量达

4276 亿 kW·h

同比增长

30.8%

占全部电源总年发电量的

4.9%

发电量大幅度提升

太阳能发电量占全国电源总发电量比例稳步提升。 受全国大多数地区全年太阳能辐射水平上升以及光伏发电系统设计优化能力和运维能力提升等多重因素的影响，2022 年，中国太阳能全年发电量达 4276亿 kW·h，同比增长 30.8%，占全部电源总年发电量的 4.9%，较2021 年提升 1 个百分点。 其中，光伏发电量为 4251 亿 kW·h，同比增长 30.4%。 2011—2022 年中国光伏发电量变化趋势如图 5.4 所示。

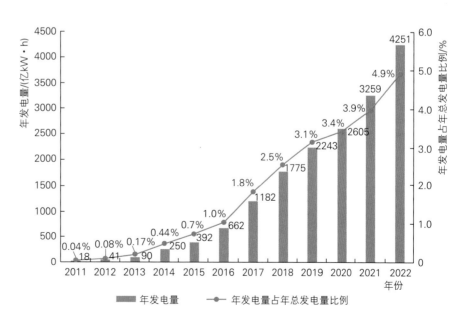

图 5.4　2011—2022 年中国光伏发电量变化趋势

海上光伏发电项目启动规模化、基地化开发

2022 年山东省首批桩基固定式海上光伏项目通过竞争配置确定开发主体，并启动了开发建设工作，共计 10 个项目、总规模 1125 万 kW，推动海上光伏进入到规模化、基地化开发建设新阶段。

融合开发模式促进光热发展

截至 2022 年年底，中国光热发电累计装机规模达到 57 万 kW。 随着中国首批光热发电示范工程的逐步建成投运，中国光热发电产业在装备制造、系统集成、开发运行等方面均取得了丰富的经验，验证了光热发电的技术可行性。 2022 年，以沙漠、戈壁、荒漠地区为重点的大型风电、光伏基地建设全面推进，其中包含的光热发电配套工程同步推进，将为新能源基地提供重要的支撑调节作用。 在"十四五"期间乃至今后较长一段时间内，光伏＋光热、光风电基地配套光热、多能互补、风光储一体化等多元建设模式将成为光热发电工程规模进一步拓展的重要发展方向。

5.3

产业概况

产业规模保持快速增长

2022 年，中国光伏产业在国内外市场的推动下，保持快速增长势头。 多晶硅产量为 82.7 万 t，同比增长 63.4%；硅片产量为 357GW，同比增长 57.5%；电池片产量为 315GW，同比增长 59.2%；组件产量为 288.7GW，同比增长 58.8%。

制造端持续高速发展

2022 年中国光伏制造端多晶硅、硅片、电池、组件产量均有较大增长，同比涨幅均超过 50%。 产业集中度方面，多晶硅产量超万吨以上企业 10 家，硅片、电池片、组件环节产量超 5GW 以上企业分别达到 14 家、17 家、11 家。 产业技术方面，PERC 单晶量产效率平均达到 23.2%，TOPCon 量产效率平均达到 24.5%，双玻组件渗透率达到 40.4%。

应用端国内外市场全面提升

2022 年，全球光伏新增装机规模 230GW，同比增长 35.5%，主要集中在中国、欧盟、美国、印度。 中国新增装机 87.41GW，同比增长

59.3%，分布式光伏增速较 2021 年进一步提升。

2022 年，中国光伏产品出口总额（硅片、电池片、组件）约 512.5 亿美元，同比增长 80.3%。其中硅片出口额 50.74 亿美元，出口量约 36.3GW，同比增长 60.8%；电池片出口额 38.15 亿美元，出口量约 23.8GW，同比增长 130.7%；组件出口额 423.61 亿美元，出口量 153.6GW，同比增长 55.8%。光伏产品出口额和出口量均创历史新高。

5.4 投资建设

2022 年中国光伏发电新增总投资约

3410 亿元

投资规模持续大幅增长

2022 年中国光伏发电新增总投资约 3410 亿元，同比增长约 58%。其中地面光伏电站新增投资约 1499 亿元，分布式光伏新增投资约 1912 亿元。2018—2022 年中国光伏发电新增总投资额如图 5.5 所示。

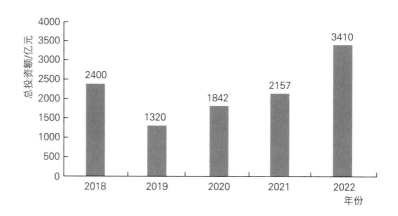

图 5.5　2018—2022 年中国光伏发电新增总投资额

单位千瓦造价略有下浮

2022 年年初，受国内光伏产业链部分环节供需矛盾影响，硅料价格不断攀升，涨幅超过 40%。截至 2022 年年底，随着上游新建硅料产线逐步投运，产能逐步释放，产业链供需矛盾有所缓解，硅片、电池、组件等下游产品价格略有回落，带动光伏电站平均单位千瓦造价小幅下降。2022 年全国光伏电站平均单位千瓦造价约 4130 元，同比下降 0.5%，2011—2022 年光伏电站单位千瓦造价指标变化趋势如图 5.6 所示；分布式光伏单位千瓦造价约 3740 元，与 2021 年同期价格持平。随着产业链上游新建产线的逐步投运，新增产能逐步释放，光伏组件价格将逐渐回归合理水平。

光伏发电系统投资主要由组件、逆变器、支架、电气一次、电气二次、电缆等主要设备成本，以及建安工程、土地成本及电网接入成本、管理费等

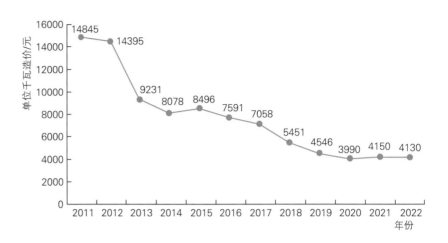

图 5.6　2011—2022 年光伏电站单位千瓦造价指标变化趋势

部分构成。 2022 年,光伏组件平均单位千瓦造价上升至约 1945 元,在总投资中占比提升至 47.09%,较 2021 年上升约 1.09 个百分点。 非技术成本(土地成本、电网接入成本和管理费)小幅下降,在总成本中的占比降至约 13.56%。 2022 年地面光伏发电项目单位千瓦造价构成如图 5.7 所示。

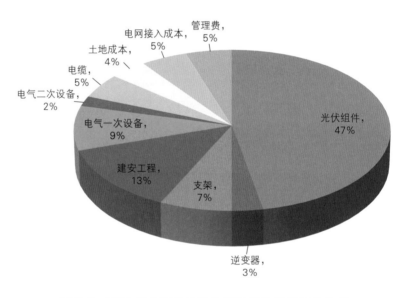

图 5.7　2022 年地面光伏发电项目单位千瓦造价构成

5.5
运行消纳

2022 年中国光伏发电
年平均利用小时数达
1202h

年平均利用小时数基本持平

2022 年中国光伏发电年平均利用小时数达 1202h,较 2021 年增加 9h。 分省份看,内蒙古西部地区、黑龙江、宁夏、内蒙古东部地区、吉林等五省(地区)光伏发电年平均利用小时数位居全国前五,分别达到 1602h、1563h、1540h、1526h、1509h。 分区域看,华北、东北、华东、华中以及西北地区小幅增长,华南地区小幅下降。 2021—2022 年中国六大区域光伏发电年平均利用小时数如图 5.8 所示。

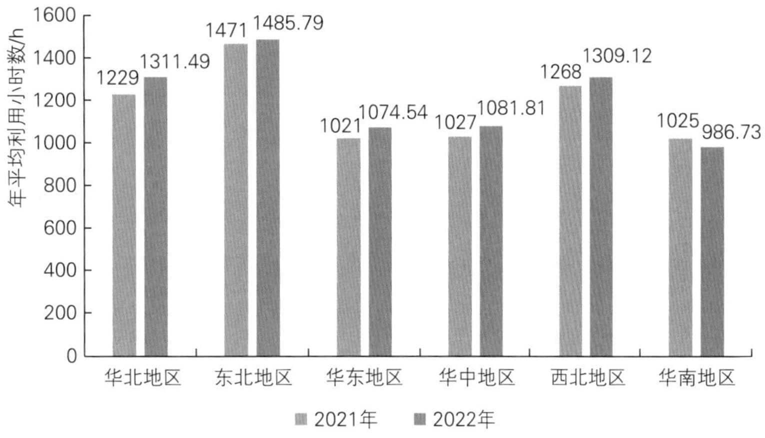

图 5.8 2021—2022 年中国六大区域光伏发电年平均利用小时数

利用率总体向好

2022 年中国光伏发电消纳保持平稳，全年弃光电量为 75.1 亿 kW·h，弃光率 1.7%，较 2021 年略有下降。 2015—2022 年中国弃光电量和弃光率变化趋势如图 5.9 所示。 分省份看，2022 年弃光最严重的是西藏和青海，弃光率分别为 20.0% 和 8.9%。

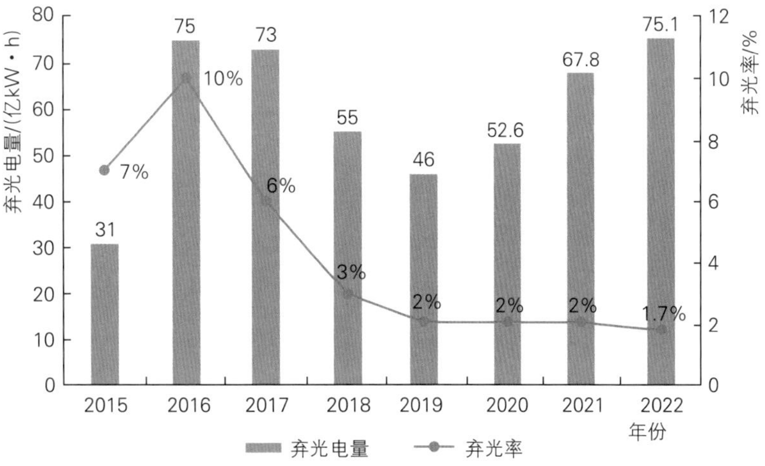

2022 年中国弃光电量为

75. 1 亿 kW·h

弃光率

1. 7 %

图 5.9 2015—2022 年中国弃光电量和弃光率变化趋势

5.6
技术进步

多晶硅能耗持续降低

2022 年，随着生产装备技术提升、系统优化能力提高、生产规模扩大，全国多晶硅企业综合能耗平均值为 8.9kgce/kg - Si，同比下降 6.3%；综合电耗下降至 60kW·h/kg - Si，同比下降 4.8%；行业硅耗在

1.09kg/kg - Si 左右，基本与 2021 年持平，且近 5 年变化幅度不大。 随着多晶硅单线产能提升、系统集成化以及产线满产，多晶硅工厂的人均年产出提高至 58t，同比大幅提升 45.4%。

硅片切片厚度持续下降

不同电池工艺路线的最佳硅片厚度持续下降。 硅片薄片化有利于光伏发电成本降低，但同时对下游电池及组件环节碎片率增大也带来一定影响。 2022 年，多晶硅片平均厚度为 175μm；P 型单晶硅片平均厚度为 155μm，较 2021 年下降 15μm。 用于 TOPCon 电池的 N 型单晶硅片平均厚度为 140μm，较 2021 年下降 25μm；用于异质结电池的硅片厚度为 130μm，较 2021 年下降 20μm。

PERC 电池仍为市场主流，各类型电池转换效率持续增长

2022 年，新投产的量产产线仍以 PERC 电池产线为主，但受到下半年部分 N 型电池片产能陆续释放的影响，PERC 电池市场占比较 2021 年有所下降，约为 88%。 规模化生产的 P 型单晶电池全部采用 PERC 技术，平均转换效率达到 23.2%，较 2021 年提高 0.1 个百分点。 采用 PERC 技术的 P 型多晶黑硅和 P 型铸锭单晶电池转换效率分别达到 21.1% 和 22.5%，较 2021 年均提高 0.1 个百分点，常规多晶黑硅电池效率提升动力不强，且未来提升空间有限，铸锭单晶电池转换效率较单晶电池低 0.7 个百分点。

N 型电池 2022 年市场占有率达到 9.1% 左右，较 2021 年有较大提升。 其中 N 型 TOPCon 电池市场占比约为 8.3%，异质结电池市场占比约为 0.6%，IBC 电池市场占比约为 0.2%。 N 型 TOPCon 电池平均转换效率达到 24.5%，较 2021 年提高 0.5 个百分点；异质结电池产业化平均转换效率达到 24.6%，较 2021 年提高 0.4 个百分点；IBC 电池平均转换效率达到 24.5%，较 2021 年提高 0.4 个百分点。 未来随着技术不断成熟带来的成本降低与良率提升，N 型单晶硅电池将成为光伏电池技术的重要发展方向之一。 2016—2022 年中国晶体硅电池转换效率如图 5.10 所示。

薄膜太阳能电池应用规模较小，商品化生产的薄膜太阳能电池品种中，碲化镉（CdTe）、砷化镓（GaAs）与铜铟镓硒（CIGS）电池多用于光伏建筑一体化应用，2022 年碲化镉（CdTe）电池量产组件平均效率达到 15.5%，较 2021 年提升 0.2 个百分点；铜铟镓硒（CIGS）电池玻璃基板

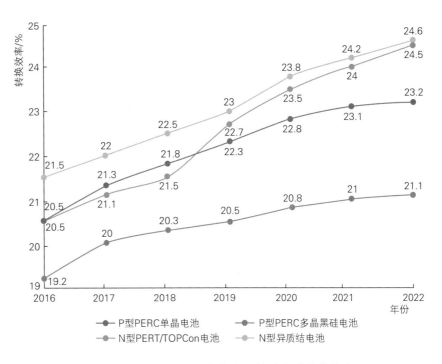

图 5.10　2016—2022 年中国晶体硅电池转换效率

组件与柔性组件平均转换效率分别达到 16.5% 和 15%，分别与 2021 年持平和下降 1.3 个百分点。 Ⅲ—Ⅴ族薄膜电池具有高成本与高效率的特点，主要用于航天领域，双结与三结转换效率分别为 32.8% 和 36%，与 2021 年持平。 钙钛矿电池因其具有转换效率高、电池制作工艺简单、发电成本低等优势而被认为是未来光伏电池技术重要的发展方向之一。 2022 年，中国小面积钙钛矿电池实验室最高转换效率达到 25.6%，玻璃基中试组件（面积大于 200cm^2）最高转换效率达到 18.2%。

双面与半片组件占比持续提高，组件功率稳中有升

2022 年，双面组件市场占比进一步提升至 40.4%，较 2021 年提高 3 个百分点。 从组件拼接方式方面看，半片组件市场占比进一步提升至 92.4%，较 2021 年提高 5.9 个百分点。 不同尺寸组件功率均有提升。 采用 166mm 尺寸 72 片、210mm 尺寸 66 片 PERC 单晶电池组件功率分别达到 455Wp、660Wp，与 2021 年基本持平；采用 182mm 尺寸 72 片 PERC 单晶电池组件功率达到 550Wp，较 2021 年提升 5Wp 左右。 采用 182mm 尺寸 72 片 TOPCon 电池组件功率达到 570Wp，与 2021 年基本持平。 采用 166mm 尺寸 72 片 IBC 电池组件功率达到 470Wp，较 2021 年提升 5Wp 左右。 采用 210mm 尺寸 66 片异质结电池组件功率达到 690Wp，较 2021 年主流 166mm 尺寸 72 片异质结电池组件效率提升 0.5% 左右。

5.7
质量安全

大中型光伏发电工程质量安全保持稳定可控态势

大中型光伏发电工程参建单位质量安全意识进一步提升、质量安全管理水平进一步提高，一些质量管理和实体质量突出问题得到了有效治理，全国大中型光伏发电工程质量安全保持稳定可控态势。特别是以沙漠、戈壁、荒漠地区为重点的大型光伏基地项目，参建各方在产品设计、原材料选择以及电站的规划选址、施工安全、并网安全等环节严格把关，不断提升光伏电站的整体安全可靠性。其中，青海省海南藏族自治州塔拉滩一标段 1000MW 光伏电站项目成为第一个获得国家优质工程奖光伏发电项目。

部分分布式光伏项目存在安全可靠性不足问题

建设环境多样化的部分分布式光伏项目存在组件产品质量参差不齐、安装不规范、安全防护措施缺失、后期运维不到位等问题，并网运行的分布式光伏项目已发生多起事故，其主要诱因是电站建设、运维安全监管体系的缺失。当前在电力系统对分布式光伏接入电网及相关的二次防护提出更高要求的前提下，采用低效、落后的光伏组件以及不具备电网异常频率电压耐受能力和低电压、高电压穿越能力的并网逆变器等设备势必导致光伏电站安全可靠性风险突出。

新增装机规模再创新高

5.8
发展特点

2022 年，光伏行业立足新发展阶段，全面贯彻新发展理念，积极应对各种风险与挑战，持续增强产业优势，保持稳中有进的发展态势，也呈现出新特点。碳达峰碳中和"1＋N"政策体系不断完善，推动光伏等清洁能源快速发展。在"整县（市、区）屋顶分布式光伏试点""以沙漠、戈壁、荒漠地区为重点的大型风电、光伏基地"等支持政策的有力推动下，中国光伏发电年新增装机容量达到 8741 万 kW，再创历史新高，为新发展阶段光伏发电高质量跃升发展树立了标杆。

分布式光伏持续快速发展

2022 年，分布式光伏持续快速发展，集中式和分布式并举的发展趋势愈发明显。继 2021 年分布式光伏新增装机容量、同比增速全面超过集中式电站以来，2022 年分布式光伏新增装机容量大比例超过集中式电站，在全部光伏发电并网装机容量中占比超过 58.5%。 2022 年新增分布式光伏并网规模 5111.4 万 kW，其中户用分布式 2524.6 万 kW，占新增规模 49.4%，户用光伏已经成为分布式光伏开发的主要模式之一。光伏建筑一体化加速推进，受广东、江苏、北京等 14 个省（自治区、直辖市）发布光伏建筑一体化相关补贴政策的激励，2022 年光伏建筑一体化项目建设进一步扩大，基于光伏建筑一体化建设的特种光伏组件、支架系统以及开发建设模式不断涌现，助力建筑用能绿色发展。

光伏产业保持稳步提升

2022 年，中国光伏产业持续推进供给侧结构性改革，整体保持平稳向好的发展势头。 产业规模实现持续增长，行业总产值突破 1.4 万亿元人民币，全年光伏产品出口超过 512 亿美元，光伏组件出口超过 153GW。 产业智能化水平不断提升，新一代信息技术与光伏产业加快融合创新，工业、建筑、交通、农业、能源等领域系统化解决方案层出不穷，光伏产业智能制造、智能运维、智能调度、光储融合等水平有效提升。 产业一体化程度不断提高，行业内头部企业借助规模优势，积极布局全产业链垂直一体化的发展模式，企业通过自建产能、跨界项目合作、合资参股等方式，加强产业链上下游一体化管理，保障企业发展。

光伏产品价格波动明显

2022 年年初，受光伏产业链供需失衡的影响，硅料价格持续攀升，从 230 元/kg 涨至最高 330 元/kg，涨幅超过 40%，并引起光伏终端产品价格年内出现上涨。 为积极疏导产业链出现的"局部价格过热"的异常现象，8 月中旬工业和信息化部、市场监管总局、国家能源局三部委联合发布《关于促进光伏产业链协同发展的通知》，并于 10 月初再次就国内光伏产业部分环节产品价格持续上涨引起的产业供应剧烈震荡约谈了部分多晶硅（硅料）骨干企业和行业机构。 三季度末，硅料市场价格出现回落，从峰值时的 330 元/kg 下降至约 180 元/kg。 截至 2022 年年底，硅片 182mm、210mm 均价分别为 4.95 元/片、6.70 元/片，同比分别下降 0.75 元/片、1.3 元/片；单晶 PERC 电池片 182mm、210mm 均价为 0.95 元/Wp，同比分别下降 0.13 元/Wp、0.10 元/Wp；单晶 PERC 组件均价为 1.895 元/Wp，虽同比上涨 0.015 元/Wp，但较 2022 年最高均价下降约 0.1 元/Wp。 未来需要持续关注光伏产业链、供应链协调平稳发展的问题。

6 生物质能

6.1
资源概况

中国生物质资源总量约
45.3 亿 t

生物质资源总量丰富

生物质是指通过光合作用而形成的各种有机体，广义上包括所有的植物、微生物以及以植物、微生物为食物的动物及其生产的废弃物，狭义上主要是指农林业生产过程中除粮食、果实以外的秸秆、树木等木质纤维素、农产品加工业下脚料、农林废弃物及畜牧业生产过程中的禽畜粪便和废弃物等物质。 目前，利用的生物质资源主要包括农作物秸秆、林业剩余物、生活垃圾（含餐厨垃圾），畜禽养殖粪污和其他有机废弃物等。 中国生物质资源丰富，总量约 45.3 亿 t❶，其中农作物秸秆总量约 7.9 亿 t，畜禽养殖粪污约 30.5 亿 t，林业剩余物约 3.4 亿 t，生活垃圾约 3.0 亿 t，其他有机废弃物约 0.5 亿 t。 生物质资源占比估算如图 6.1 所示。

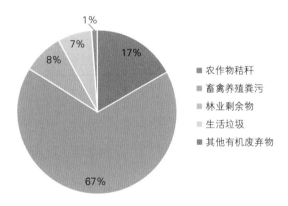

图 6.1 生物质资源占比估算

在地域分布上，生物质资源主要集中在中东南部地区，按照单位面积生物质能折合标准煤量分析，农林生物质在河南、山东、吉林等农业大省资源密度较高，生活垃圾在上海、北京、广东、江苏、浙江等经济发达省份和人口大省资源密度较高。

发电是当前生物质能源化利用的主要途径

根据生物质资源总量、开发转化利用后的能源特性，中国生物质能总量约 6.3 亿 t 标准煤，其中农作物秸秆约 3.6 亿 t 标准煤，林业剩余物约 1.7 亿 t 标准煤，畜禽养殖粪污等低热值生物质资源经转化加工后可产生的燃气折合标准煤约 0.5 亿 t，生活垃圾折合标准煤 0.5 亿 t。 生物质能总量构成如图 6.2 所示。

中国生物质能总量约
6.3 亿 t 标准煤

---

❶ 畜禽养殖粪污数据来自农业农村部生物质工程中心。 农作物秸秆、林业剩余物、生活垃圾数据来自国家可再生能源信息管理中心。

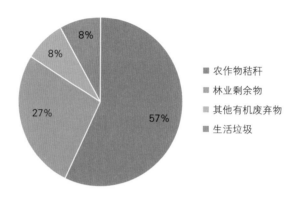

图 6.2　生物质能总量构成图

注：其他有机废弃物包括畜禽养殖粪污、餐厨垃圾等低热值生物质资源经转化加工后可产生的燃气和液体燃料等折合的标准煤量。

2022 年，中国生物质能商业化开发利用规模约 6302 万 t 标准煤，约占生物质能总量的 10.0%。其中，发电利用折合标准煤约 4616 万 t，占已开发量的 73.2%；气体燃料（生物天然气）折合标准煤约 30 万 t，占已开发量的 0.5%；固体燃料利用折合标准煤约 1200 万 t，占已开发量的 19.0%；液体燃料利用折合标准煤约 456 万 t，占已开发量的 7.2%。生物质能已开发利用量构成如图 6.3 所示。

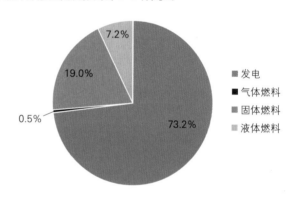

图 6.3　生物质能已开发利用量构成图

6.2 发展现状

截至 2022 年年底，中国生物质发电累计并网装机容量达到

4132 万 kW

同比增长

8.8%

生物质发电新增装机规模同比下降

2022 年，中国生物质发电新增装机规模 334 万 kW，同比下降 58.7%。截至 2022 年年底，中国生物质发电累计并网装机容量达到 4132 万 kW，同比增长 8.8%；2018—2022 年年均增长率为 19.2%，保持较快增速。其中，农林生物质发电累计并网装机容量为 1623 万 kW，较 2021 年增加 65 万 kW，增幅 4.2%；生活垃圾焚烧发电累计并网装机容量为 2386 万 kW，较 2021 年增加 257 万 kW，增幅 12.1%；沼气发电累计并网装机容量为 122 万 kW，较 2021 年增加 12 万 kW，增幅 10.8%。

农林生物质发电
累计并网装机容量为

1623 万 kW

生活垃圾焚烧发电累计
并网装机容量为

2386 万 kW

沼气发电累计并网
装机容量为

122 万 kW

2018—2022 年生物质发电并网装机容量变化趋势如图 6.4 所示。

图 6.4 2018—2022 年生物质发电并网装机容量变化趋势

发电量显著提升

2022 年中国生物质发电
年发电量达到

1824 亿 kW·h

占全部电源总年发电量的

2.1 %

占可再生能源年发电量的

6.7 %

其中，农林生物质发电
年发电量为

517 亿 kW·h

生活垃圾焚烧发电
年发电量为

1268 亿 kW·h

沼气发电年发电量为

40 亿 kW·h

2022 年中国生物质发电年发电量达到 1824 亿 kW·h，同比增长 11.4%，占全部电源总年发电量的 2.1%，占可再生能源年发电量的 6.7%。其中，农林生物质发电年发电量为 517 亿 kW·h，同比增长 0.2%；生活垃圾焚烧发电年发电量为 1268 亿 kW·h，同比增长 17.0%；沼气发电年发电量为 40 亿 kW·h，同比增长 8.1%。2018—2022 年生物质发电年发电量变化趋势如图 6.5 所示。

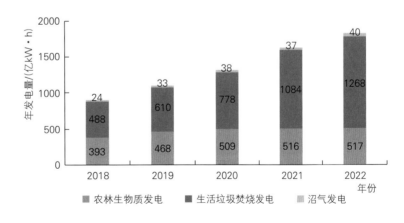

图 6.5 2018—2022 年生物质发电年发电量变化趋势

生活垃圾焚烧发电仍是主要增长引擎

2022 年生活垃圾焚烧发电在新增装机规模、新增发电量等指标方面继续大幅领先农林生物质发电和沼气发电，继续发挥生物质发电增长第一引擎作用。 2022 年生物质发电新增装机 334 万 kW，其中生活垃圾焚烧发电新增装机占生物质发电新增装机的 76.9%，较 2021 年提高 5 个百分点；2022 年生物质发电量较 2021 年增加 187 亿 kW·h，其中生活垃圾焚烧发电量较 2021 年增加 184 亿 kW·h，占 2022 年生物质发电新增发电量的 98.3%。

生物质能非电利用稳步增长

截至 2022 年年底，中国生物质能非电利用量占已开发量的
27.1%

截至 2022 年年底，中国生物质能非电利用量占已开发量的 27.1%。其中生物天然气年产气规模为 2.3 亿 m³，同比增长 15.0%；固体成型燃料年产量为 2400 万 t，同比增长 9.1%；燃料乙醇、生物柴油年产量分别为 320 万 t、130 万 t，分别同比增长 10.3%、8.3%。 2018—2022 年生物质能非电利用变化趋势如图 6.6 所示。

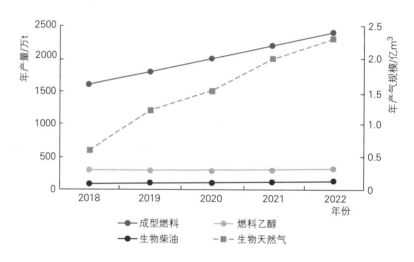

图 6.6　2018—2022 年生物质能非电利用变化趋势

6.3
投资建设

2022 年生物质发电总投资
580 亿元
同比下降
58.5%

生物质发电投资同比大幅下降

2022 年生物质发电总投资 580 亿元，同比下降 58.5%。 其中，农林生物质发电投资约 113 亿元，占总投资的 19.5%；生活垃圾焚烧发电投资约 452 亿元，占总投资的 77.9%；沼气发电投资约 15 亿元，占总投资的 2.6%。 工程造价方面，2022 年生物质发电单位造价较 2021 年有所下降：一是受新冠肺炎疫情及上游地产行业投资放缓等因素影响，2022 年钢材、有色金属、水泥等主要工业生产资料价格同比有所回落；二是企业更加重视风险管理，投资更加谨慎，对工程造价的成本控制更加严格。

生物天然气项目单位造价差异较大

中国生物天然气项目单位造价差异较大，以已建日产 20000m³ 生物天然气项目为例，项目最低投资为 1.20 亿元，最高投资为 1.90 亿元，单位造价为 6000 万～10000 万元/（万 Nm³·d）。设备选型是造成生物天然气项目投资差异较大的主要原因。生物天然气项目投资构成以设备采购及安装费用为主，占到项目总投资的 50% 以上，而国产设备和进口设备价格差距较大，特别是原料接收及预处理系统、厌氧发酵系统、净化提纯系统设备选用国产设备还是进口设备，对项目总投资影响较大。

6.4
运行消纳

———

2022 年全国生物质发电
年平均利用小时数

4515h

农林生物质发电年平均
利用小时数

3199h

生活垃圾焚烧发电年平均
利用小时数

5452h

沼气发电年平均利用小时数

3233h

生物质发电年平均利用小时数有所下降

2022 年全国生物质发电年平均利用小时数 4515h，较 2021 年减少 167h。其中，农林生物质发电年平均利用小时数 3199h，较 2021 年减少 355h；生活垃圾焚烧发电年平均利用小时数 5452h，较 2021 年减少 164h；沼气发电年平均利用小时数 3233h，较 2021 年减少 133h。发电利用小时数下降的主要原因：一是农林生物质原料市场竞争激烈，部分项目因原料供应紧张致开工率不足或停机；二是近些年垃圾焚烧发电快速增长，部分地区出现垃圾量供应相对不足，导致项目无法满负荷运行。2018—2022 年生物质发电年平均利用小时数统计如图 6.7 所示。

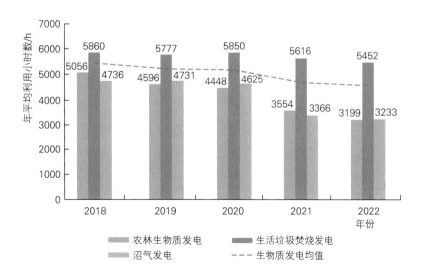

图 6.7　2018—2022 年生物质发电年平均利用小时数统计

生物天然气项目运行基本稳定

近年，中国陆续建设了一批具有代表性的生物天然气示范工程，积累了较为丰富的规模化生物天然气工程的建设与管理经验，推动了生物天然气技术的不断发展，并形成了稳定成熟的厌氧、提纯的生产技术路线。目前，国内运行较好的有湖北宜城、甘肃张掖、贵州遵义、广西隆安等地的生物天然气项目，年运行小时数在 7000h 以上，实际产气量能达到设计产能的 80% 以上，个别项目能达到 90% 以上。

6.5
技术进步

垃圾焚烧余热锅炉技术不断进步

垃圾焚烧生成的烟气具有较强的高温腐蚀特性，是限制锅炉蒸汽参数和机组发电效率提高的主要因素。近年来，随着中国新材料产业的发展和技术进步，优质耐腐蚀材料应用于锅炉受热面的寿命显著提高，推动中国垃圾焚烧发电行业由中温中压、中温次高压向中温高压和超高压参数发展。2022 年 6 月，广州市第七资源热力电厂二期工程 3 号次高温、超高压汽轮发电机组投产，采用两台一次中间再热、单锅筒次高温超高压自然循环锅炉，额定进气压力 13MPa、进气温度 485℃、额定负荷 50MW，成为目前世界垃圾焚烧发电领域最高参数机组。

生物质直燃发电效率达到世界先进水平

循环流化床农林生物质直燃发电是中国农林生物质能源化利用的主要途径。近年来，生物质循环流化床锅炉技术日趋成熟，锅炉蒸汽参数不断提高，从 75t/h 中温中压、90t/h 高温次高压、130t/h 高温高压发展至 260t/h 高温超高压再热锅炉。中国科学院工程热物理研究所与济南锅炉集团有限公司设计制造的 130t/h 超高压再热生物质直燃循环流化床锅炉，首次在生物质锅炉采用超高压、一次再热技术，锅炉效率达到 91.25%，机组发电效率从 27% 提高到 37%，达到世界先进水平。

生物质气化耦合燃煤发电技术持续探索示范

中国已开发出以稻壳、玉米秸秆、果树枝等多种生物质为原料的固定床以及流化床气化炉炉型，成功覆盖了从 1~10MW 等级规模的气化发电系统。2019 年，中国首台 660MW 超临界燃煤发电机组气化耦合 20MW 生物质热电厂示范项目试运行，项目采用生物质微正压循环流化床气化技术,填补了中国生物质微正压循环流化床气化技术空白。 2022年,生物质循环流化床气化耦合燃煤发电技术装备入围国家重大技术装备项目,其依托的 10.8MW 生物质气化耦合燃煤机组发电项目,已经实现商业运行。 中国生物质气化耦合燃煤发电技术在"双碳"背景下正从小型分散化向产业规模化方向发展。

6.6 质量安全

建设质量安全水平总体稳定

随着生物质规模逐渐壮大,行业持续发展,项目建设单位的建设经验逐步丰富,工程建设管理和质量安全管理模式趋于成熟,项目建设管理总体能够认真落实安全生产责任制,安全生产形势总体稳定,质量状况稳中有升。 全年未发生质量安全不良社会影响事件。

建设质量安全压力仍持续存在

生物质项目建设质量安全管理体系运转总体有序可控,但也存在一些不容忽视的问题,具体如下:

（1）部分工程存在为取得电价补贴而抢工期的现象。

（2）垃圾发电项目涉及能源、环保、市政等领域,各领域行业标准不一致,导致项目安全生产管理难度增加。

（3）参建单位跨行业施工时有发生,导致管理不规范,管理难度较大。

因此,对生物质项目建设需采取一系列措施夯实管理基础,突出防范重点,严格过程控制,注重持续改进,加强监督考核,对质量安全管理应有更高要求。

6.7 发展特点

农林生物质热电联产转型升级趋势明显

近年多项促进生物质热电联产的政策陆续出台,加速农林生物质发电行业向热电联产转型升级。 2018—2022 年,新增农林生物质热电联产装机规模所占比重由 60% 提高到 92%,年均提高约 8 个百分点;累计农林生物质热电联产项目装机规模所占比重由 57% 提高到 73%,年均增加4 个百分点。 因地制宜,推动生物质发电向热电联产转型,既适应了用户多样化用能需求,又提升了项目经济性和市场竞争力。

固废处置一体化成垃圾焚烧发电发展新模式

随着垃圾分类工作持续推进,中国将更注重固体废弃物处理"质"

的提升，并对资源回收和近零排放提出更高要求。 国家相关部门印发"无废城市"建设方案，推动 100 个左右地级及以上城市开展"无废城市"建设，支持发展固废项目一体化建设的静脉产业园模式。 2022 年以来，河南、河北、湖南、广西等多个省份积极推进以垃圾焚烧发电厂为核心的静脉产业园模式，通过垃圾焚烧产生的电能供全园区使用，垃圾焚烧、餐厨垃圾处理等项目产生的污水由园区统一处理，园区内餐厨沼渣、污泥、医疗残渣等全部由垃圾焚烧厂焚烧处理，实现了生活和工业垃圾变废为宝、循环利用。

生物质能非电利用领域发展规模相对较小

生物质能除了与水电、太阳能发电、风电等同属于可再生能源外，还具有较强的环保、民生属性，承载着解决"三农"问题，助力乡村振兴，改善农村人居环境等重任。 但在生物质能产业发展中，特别是生物质能非电领域，其环保和民生价值未通过经济形式予以充分体现，致使生物质能非电利用市场化程度普遍较低，后端产业链没有有效打通。 因此，相比生物质发电，生物质能清洁供热、生物天然气、生物质液体燃料等非电领域发展相对较慢，产业规模较小。

7 地热能

7.1
资源概况

地热资源丰富，开发潜力大

中国地热资源丰富，浅层地热资源在全国广泛分布，水热型地热资源主要分布于沉积盆地和板内地壳隆起区，干热岩地热资源主要分布于板块构造体边缘及火山活动区。

华北平原和长江中下游平原地区最适宜浅层地热能开发利用，中国地埋管热泵系统适宜区占总评价面积的 29%、较适宜区占 53%，地下水源热泵系统适宜区占总评价面积的 11%、较适宜区占 27%。 水热型地热资源主要分布于华北平原、汾渭盆地等大中型沉积盆地和山地的断裂带上，大型沉积盆地的地热资源分布广、资源量大，是开发潜力最大的地区。 中国干热岩资源潜力巨大，目前技术条件下经济成本高，处于试验开发阶段。

7.2
发展现状

地热资源勘查全面布局

2022 年，各省（自治区、直辖市）积极布局地热资源勘查工作，将地热资源勘查作为重点工作纳入各类发展规划，加大地热资源的勘探投入，为摸清资源量提供支撑，提高了地热能项目开发的持续供给能力。

全国多地地热勘查工作在勘探空白区取得突破。 湖北孝南朱湖成功探获地热资源，地热井深 1120m 左右，出水量 936m³/d，井口出水温度 46.5℃，填补了孝感市中深层地热资源的空白。 湖南永州双牌县通过 2018m 地热定向钻井，成功探获水量 500m³/d、水温 49℃ 的地热资源，打破该地区地热资源匮乏的认识。 山西大同平城区地热钻探取得突破性成果，井口出水温度 55℃ 以上，出水量 1200m³/d 左右，预计单井供暖面积可达 10 万 m²。

大力推进地热能规模化利用

2022 年以来，为贯彻落实《关于促进地热能开发利用的若干意见》（国能发新能规〔2021〕43 号）要求，进一步推动地热规模化利用，各省（自治区、直辖市）将地热规模化利用纳入地方"十四五"规划，明确具体发展目标和重点任务，大力推进地热能规模化利用。

河南省人民政府发布了《河南省"十四五"现代能源体系和碳达峰碳中和规划》，规划提出：到 2025 年，新增地热能供暖（制冷）能力 5000 万 m² 以上。 湖北省人民政府发布了《湖北省能源发展"十四五"

规划》，规划提出：在武汉、襄阳、宜昌、十堰等地区，积极推广浅层地热能供暖和制冷应用，新增地热能供冷供热应用建筑面积 1900 万 m²，至 2025 年达到 5000 万 m²。天津市提出：到 2025 年，地热资源开发利用总量力争达到 8000 万 m³，供热面积达到 6000 万 m²。上海、安徽、四川、贵州、山西、吉林等省份在"十四五"规划中针对地热规模化开发也提出了具体发展目标。

7.3 投资建设

地热投资建设方向多元化

地热投资建设方向多元化，深井换热供暖、江水源热泵供暖制冷、气田伴生地热水发电以及农村地热供暖等示范利用项目多点开花，示范效应初步形成。

深井换热供暖投资建设从陕西兴起，逐渐在北京、河南等地示范利用。北京首个中深层井下换热供暖项目成功落地城市副中心站交通枢纽，该项目采用中深层地热井同轴换热技术，预计能够承担不少于 2.5 万 m² 建筑面积的供热需求。湖北武汉建成了省内首个"江水空调"能源站，总供能面积 210 万 m²，能源站采用江水源热泵以及蓄能技术，满足商务区及学校建筑全年空调冷热水以及生活热水需求。四川遂宁利用天然气井（磨溪 X 210 井）采出的伴生地热资源开展发电利用，油气行业利用自身资源和技术优势发展新能源迈出了更加坚定的步伐。江苏首个农村地热供暖示范项目位于沛县，该项目围绕地热开发与乡村振兴和城乡融合发展，开展地热供暖利用，单井可实现冬季供暖面积 3.87 万 m²，为苏北地区清洁能源利用和绿色经济发展提供样板，为服务"双碳"目标实现、助力乡村振兴提供有力支撑。

7.4 技术进步

中深层地热开发技术取得新突破

中深层地热开发一直是地热开发的重要突破方向，面临着一系列技术难题，2022 年以来，中国深部热储改造、深井换热技术等领域取得新突破，为地热高效开发提供技术支撑。

国家重点研发计划课题《深部地热资源动态评价方法与储层改造增产关键技术》开展了深部低渗透性碳酸盐岩热储水力喷射压裂裂隙起裂-扩展机理及裂隙形态研究，碳酸盐岩热储增产改造技术取得突破。研究成果应用于雄安新区容城凸起高于庄组热储改造工程，对埋深 4000m 的地热储层实施喷射＋酸化压裂综合增产改造，改造后单井涌水量从 3120m³/d 提高到 4800m³/d，增产效果显著。

中深层地热地埋管管群供热系统成套技术解决了深部井下高效换热难题，为中深层地热地埋管管群供热提供成套技术方案。该技术已在西安交通大学科技创新港科创基地成功应用，总供暖负荷 75.69MW，建设 6 座分布式能源站，可满足创新港科教板块 159 万 m² 建筑供能需求，连续多个采暖季供暖效果良好。

地热装备制造国产化水平稳步提高

地热行业的发展助推装备技术创新。中国智能地热钻机整机出口国外，标志着中国钻机自动化控制水平得到国际高端市场认可。中国自主研发制造的地热水余热深度回收系统在天津地热项目顺利运行，推动供暖热效率明显提高。

7.5 发展特点

规划引领地热产业高质量发展

2022 年以来，各省（自治区、直辖市）通过地热专项规划明确地热重点开发利用方向，将地热开发融入能源规划、矿产资源规划、建筑节能规划等，促进地热开发和城市发展融合，引领地热产业高质量发展。

河北省、四川省等出台"十四五"地热专项规划，确定发展目标，重点布局地热勘查、开发利用和产业发展；河南、湖北、天津、安徽等 11 个省份将地热开发融入能源规划、矿产资源规划、建筑节能规划等，将地热作为发展非化石能源的重要能源品种，明确重点发展方向。山西省自然资源厅发布《山西省地热能分级分类利用指南（试行）》，上海市规划和自然资源局发布上海市浅层地热能开发利用详细分区指引导则，让地热开发市场主体有章可循，引领地热产业高质量发展。

政策促进地热产业向好发展

地热产业的政策支持是促进地热规模化发展的重要因素，地热矿业权审批程序复杂、矿业权价款高、地热项目用水用电价格及资金奖补缺位等也一直是阻碍地热规模化开发的因素。为了解决发展障碍，充分激发市场主体活力，国家和地方出台了相关产业支持政策，促进地热产业向好发展。

自然资源部、生态环境部、国家林业和草原局三部门联合发布《关于加强生态保护红线管理的通知（试行）》（自然资发〔2022〕142号），提出原在生态红线范围内的地热矿权，在不超出已经核定的生产规模、不新增生产设施的前提下继续开采，可办理采矿权延续。自然资源部和农业农村部发布的《关于加强和改进永久基本农田保护工作通知》（自然资规〔2019〕1号）中提出，地热开采不造成永久基本农田损毁、塌陷破坏的，可申请新设矿业权。财政部办公厅、住房城乡建设部办公厅等部门联合印发《关于组织申报2022年北方地区冬季清洁取暖项目的通知》（财办资环〔2022〕4号），通知指出：中央资金主要支持有关城市开展地热能等多种方式清洁取暖改造项目，对纳入支持范围的城市给予清洁取暖改造定额奖补，连续支持3年，每年奖补标准为省会城市7亿元、一般地级市3亿元。

各省积极推动地热矿业权出让，贵州等省将地热矿业权出让权限下放到地级市自然资源管理部门，试点推行地热"净矿"出让，直接出让采矿权。河北省提出"取热不取水"地热项目无须办理采矿权手续，山西省大幅降低地热矿业权出让价款，地热水采矿权价款从2.7元/m^3降低至0.2元/m^3。山西省人民政府办公厅发布《关于全面推动地热能产业高质量发展的指导意见》（晋政办发〔2022〕68号），意见指出：加大省级财政投入，对地热勘查开采用地、用林，给予优先保障，在空间规划、用地指标上优先安排；将地热能供暖制冷纳入城镇基础设施建设，在市政工程建设用地、用水、用电价格等方面给予支持。

地热开发利用管理趋于规范

2022年各级人民政府有关部门直面行业痛点，出台指导意见、管理办法、标准规范，逐步理顺地热开发利用管理，地热开发利用管理趋于规范。

河北、山西、青海相关部门出台促进全省地热能开发的指导意见，进一步规范的地热项目的审批备案、取水许可以及矿业权办理等相关管理流程，明确地热开发各阶段管理的责任单位及任务，阐明存量地热项目和新增地热项目分级管理要求。河北、重庆、河南、辽宁营口、山东滨州等地出台有关地热资源管理办法、地热资源勘查开发监测技术标准规范等，进一步规范市场开发主体的地热开发行为，为地热产业健康可持续发展保驾护航。

地热标准规范体系逐渐完善，为行业规范发展提供强有力支撑。砂岩地热井完井、地热井深井换热以及地源热泵系统规范等标准陆续发布，行业标准规范体系进一步完善。 北京、山西等省份也针对实际情况发布了地方规范标准。

全国地热能信息化管理从无到有

地热开发利用项目信息化是行业管理的重要抓手，2022 年 8 月国家能源局综合司发布了《关于加快推进地热能开发利用项目信息化管理工作的通知》（国能综通新能〔2022〕83 号）。 为贯彻落实通知精神，国家可再生能源信息管理中心搭建了首个国家级的地热信息化管理平台，同时积极对接各省级能源主管部门，在 31 个省（自治区、直辖市）开展了地热项目信息统计工作，其中河北、河南、贵州、天津、山西、江苏、安徽等多个省份地热能项目信息化管理工作成效突出，全国地热能项目信息化管理迈出坚实一步。 地热能项目信息化管理为行业主管部门了解地热能开发现状和趋势提供数据支撑，为中国地热行业高质量发展奠定坚实基础。

8 新型储能

8.1
发展现状

新型储能进入规模化发展新阶段

作为支撑新型电力系统的重要技术和基础装备，新型储能产业发展得到高度重视，装机规模快速增加。 根据中关村储能产业技术联盟（CNESA）统计数据，截至 2022 年，中国已投运新型储能项目装机规模达到 13.1GW/27.1GW·h，功率规模年增长率 128%，能量规模年增长率 141%。 2014—2022 年新型储能装机规模变化情况如图 8.1 所示。

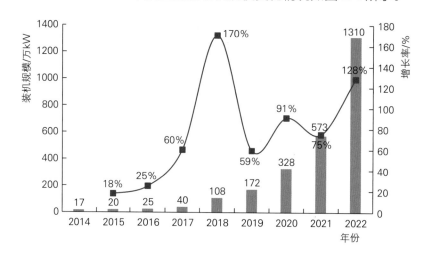

图 8.1　2014—2022 年新型储能装机规模变化情况

锂离子电池主导地位进一步提升

截至 2022 年年底，全国新型储能装机中，锂离子电池储能占比 94.0%，较 2021 年提升 3.1 个百分点；铅蓄电池储能占比 3.1%，提升 0.9 个百分点；压缩空气储能占比 1.5%，下降 0.8 个百分点；液流电池储能占比 1.2%，提升 0.6 个百分点；飞轮储能占比 0.1%，下降 1.7 个

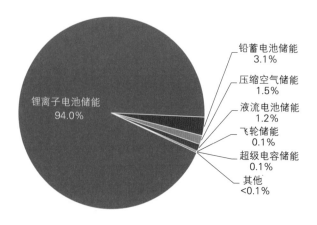

图 8.2　2022 年中国新型储能规模占比情况

百分点；超级电容等其他储能技术占比不足 0.2%。 2022 年新增投运项目中，锂离子电池储能占据绝对主导地位，比重达 97%，压缩空气储能、液流电池、钠离子电池、飞轮等技术路线的项目应用模式逐渐增多。 2022 年中国新型储能规模占比情况如图 8.2 所示。

8.2 产业概况

新型储能产业规模不断壮大

新型储能技术是支撑电力系统清洁化转型的关键之一，同时也支撑着未来光伏、风电产业的发展。 在碳达峰碳中和目标的推动下，各地陆续布局新型储能产业，以锂离子电池为主的新型储能产业不断壮大。 2022 年，全国锂离子电池行业总产值突破 1.2 万亿元，锂离子电池产量达 750GW·h，同比增长超过 130%。 其中储能型锂电产量突破 100GW·h。 锂离子电池行业投资热情高涨，全链加强协同合作，据不完全统计，2022 年仅电芯环节规划项目 40 余个，规划总产能超 1.2TW·h，规划投资 4300 亿元。

不同技术路线产业链成熟程度不一

储能产业链涵盖了储能相关材料和装备、储能系统及集成、储能应用场景及后市场服务等领域。 随着储能技术的不断发展，储能产品和服务的供应链也在不断完善和细化。 但不同技术路线的新型储能对应不同产业链，其成熟度存在较大差异。 其中，锂离子电池储能已经形成了较为完备的产业链；压缩空气储能、液流电池储能通过试点示范项目逐步实现规模化应用，也带动了相关产业链的快速发展；其他新型储能技术大多还处于实验室研发阶段，对应的产业链体系尚未成形。

8.3 投资建设

新型储能项目数量和规模进一步提升

2022 年，国内新增投运新型储能项目装机规模约 7GW，超过了过去 10 年累计的装机量 5.7GW。 从区域分布上看，5 省（自治区）新增装机规模超 500MW，首次出现新增规模超吉瓦级的省份。 其中，宁夏、山东基于共享储能，内蒙古基于保障性并网项目，新增装机规模位居前三。 单个项目规模与以往相比也大幅提升，百兆瓦级项目成为常态，20 余个百兆瓦级项目实现了并网运行，5 倍于去年同期数量；规划在建中的百兆瓦级项目数更是达到 400 余个，其中包括 7 个吉瓦级项目。

原材料价格高位震荡，锂离子电池项目成本短期回升

2022 年以来，锂电池上游原材料价格振荡走高至高位后，从 11 月下旬开始持续回落。 储能型磷酸铁锂材料均价从 1 月的 10 万元/t 左右上涨到 11 月的 17 万元/t 左右，涨幅超过 70%；11 月下旬开始持续下跌，截至 12 月底材料均价为 15 万元/t 左右。 受上游原材料价格走高影响，磷酸铁锂电池储能项目成本短期呈现小幅上涨趋势。 但随着锂电材料产能的快速扩充和释放，大部分锂电材料供需关系从供不应求转变至供需平衡，部分材料领域甚至已出现产能过剩，进而带动相关锂电材料的价格从高位回落，预计 2023 年锂电材料价格将进一步下降。

8.4
技术进步

锂离子电池性能进一步提升

储能用锂离子电池的能量功率密度达到了 210W·h/kg，较 5 年前提升了近 80%，另外在安全性、一致性、充放电效率等其他技术指标方面也有较大提高。 多家主流厂商开发了专用 300Ah 以上大容量电芯，个别厂商的新品电芯单体容量已达到 560Ah。 储能设备的整体集成能量密度大幅提升，将降低设备采购及最终的建设成本。

液流电池储能项目单体规模取得突破

2022 年，大连 100MW/400MW·h 液流电池储能一期调峰电站并网成功，三峡能源新疆 250MW/1GW·h 全钒液流储能项目正式开工，数个百兆瓦时甚至吉瓦时级别的大型液流电池项目将陆续建设投产。 另外，液流电池储能技术在新一代高功率密度全钒液流电池关键电堆技术、高能量密度锌基液流电池、铁铬液流电池等方面取得重要进展，锌基液流、铁基液流技术逐渐走出实验室，液流电池受到越来越多的关注。

压缩空气储能技术取得重要进展

压缩空气储能技术在系统特性分析、压缩机技术、蓄热换热器技术、膨胀机技术、系统集成与控制技术等方面取得重要进展，如目前国内的主流压缩机生产厂家均已具备设计制造大流量、高压力的主压缩机及循环压缩机的条件和基础，100MW 级压缩机基本可以实现国产化；国内化工及动力设备配套厂家均具备换热器设计加工能力，大多可开展换

热装置的设计和计算工作，针对压缩空气储能系统工作特点及参数完成换热器的加工设计并完成组装。 目前在压缩空气储能领域，国内已经具备生产各型号空气透平机组的能力，为压缩空气储能向大容量发展奠定了基础。

飞轮储能单机输出功率达到兆瓦级

国内飞轮储能单机输出功率首次达到了 1MW，完成了核心部件飞轮、电机、磁轴承以及单机集成控制试验。 另外，飞轮储能在高能量密度飞轮电机一体化设计与制造、低损耗高可靠性大承载力混合磁轴承等关键核心技术取得突破。 飞轮储能在短时高频领域需求增加，已有超过 300MW 的项目处于规划在建中。

储能系统集成技术快速发展

储能系统集成技术快速发展，其中功率架构由原来单一的集中式，发展为传统集中式、组串式和高压级联等多种架构并存。 储能系统集成的另一个方向为构网型储能技术，构网型储能可实现功率自同步控制，呈电压源特性，并可提供快速动态无功补偿，对新能源"双高"特征有支撑作用。 另外，基于安全和大规模储能发展需求，各类液冷储能解决方案等新产品或新方案纷纷发布。

8.5 质量安全

电网侧、电源侧电化学储能电站安全态势总体较好

2022 年未发生重大储能电站安全事故，全年电化学储能电站可用系数为 0.98（排除计划停运和非计划停运后的可用时长与统计时长之比），特别是电网侧、电源侧电化学储能电站安全态势总体较好。 自国家能源局发布《关于加强电化学储能电站安全管理的通知》以来，各储能电站高度重视消防安全。 根据国家电化学储能电站安全监测信息平台发布的《2022 年度电化学储能电站行业统计数据》，截至 2022 年年底，已投运的电化学储能电站中，有 311 座储能电站通过了消防验收，有 215 座储能电站与所在属地消防机构建立了协同机制。

电化学储能电站安全要求进一步提高

部分电化学储能电站仍然存在电池及 BMS（电池管理系统）相关技术薄弱、系统设计缺失、设备选型方案滞后、运营维护不规范等方面的

问题。国家能源局发布的《关于加强电化学储能电站安全管理的通知》中明确提出重视电化学储能电站安全管理，要求电力企业重视规划设计安全管理、设备选型、施工验收、并网验收、运行维护安全管理等。国家市场监督管理总局（国家标准化管理委员会）发布了《电化学储能电站安全规程》，填补了此前电化学储能电站安全配置相关国家标准的空白，是储能安全领域的首个指引性文件，充分体现出国家对于电化学储能电站安全问题的高度重视，特别是对储能电站消防安全的未来发展提供了方向指引。

8.6 发展特点

新型储能行业管理体系逐渐完善

国家发展改革委和国家能源局联合出台《关于加快推动新型储能发展的指导意见》《"十四五"新型储能发展实施方案》《新型储能项目管理规范（暂行）》《关于进一步推动新型储能参与电力市场和调度运用的通知》等一系列政策，开发建设全国新型储能大数据平台，初步建立了全国新型储能行业管理体系，统筹推动全国新型储能试点示范，为新型储能技术创新应用和产业高质量发展奠定了基础。目前，全国所有省（自治区、直辖市）及新疆生产建设兵团均已不同程度地开展了新型储能发展政策研究。

新型储能参与电力市场步入新篇章

2022 年，国家发展改革委和国家能源局联合发布《关于进一步推动新型储能参与电力市场和调度运用的通知》，明确了新型储能以市场化发展为主的根本原则，明确了新型储能可作为独立储能参与电力市场，并对其市场机制、价格机制和运行机制等作出部署，同时首次对独立储能进行官方定义，解决了独立储能参与电力市场最关键的主体和调度问题。2022 年，国家和各地方共发布市场规则相关的政策 85 项，其中，山东省新型储能首次参与现货市场；山西省印发全国首个针对新型储能参与一次调频有偿服务的地方政策；甘肃省建立了首个新型储能参与的调峰容量市场；南方、西北、华北、华东等区域修订新版"两个细则"，再次明确新型储能的市场主体地位，并推动新型储能参与多项品种的交易。

独立储能、共享储能备受行业关注

随着新能源规模和占比的逐步提高，新型储能在电力系统中的作用越来越明显，做好新型储能与新能源的协同发展有助于新型储能的发展。新能源侧储能多为散而小，实际利用率低，成本疏导难，大部分盈利水平不高。而第三方建设的独立储能电站以及新能源自建或合建的共享储能电站可以转为独立储能电站，由电网统一调度，实现更大范围的优化配置，并可参与电力辅助服务市场，在提升新能源消纳水平的同时还可以提高项目收益。2022 年，陕西、山东、浙江、河北、四川成都等多个省市先后公布新型储能示范项目，示范项目以独立储能或集中共享储能项目为主。

长时储能技术取得较大进展

随着风电、光伏发电占比快速提升，电力系统对长时储能技术的需求增加，以配合光伏发电调峰为例，4h 以上充/放电储能系统能较好解决电源白天发电和负荷晚间用电调节问题。2022 年，在长时储能方面，锂电厂商利用新技术，推出差异化电芯产品，开发储能专用 300Ah 以上大容量、10000 次以上长循环寿命的磷酸铁锂电芯，4h 以上项目开始增多；压缩空气储能单次储能时长最高达 12h；首个吉瓦时级全钒液流电池项目正式开工，长时储能领域多个技术路线取得较大进展和工程应用。

分时电价差拉大推动用户侧储能建设

2022 年，工商业企业和园区依旧是用户侧储能主要应用场景，河南、江西、湖北、上海等多个省（直辖市）增大了高峰电价和低谷电价上下浮动比例，各地夏季尖峰电价政策也将进入执行期，尖峰电价在高峰时段基础上上浮 20%～25%，为用户侧储能打开更多盈利空间，推动用户侧储能规模大幅提升。

9 氢能

9.1
发展现状

可再生能源制氢初具规模

2022 年，中国可再生能源制氢产业向规模化目标迈进，已有超过 100 个规划、在建和已建电解水制氢项目，制氢总规模 12.1GW。 其中，可再生能源制氢项目占比 98.5%，装机规模实现 2 倍以上增长，同时带动国内电解水制氢装备出货量达到 722MW，同比增长 106%。

绿氢工业领域替代应用已显成效

2022 年，中国在合成氨、氢冶金、煤化工、石油炼化等行业开启了绿氢替代灰氢的碳中和变革。 一是"三北"地区相继规划建设"风光氢氨"一体化项目，向产业下游跨行业拓展，提升项目的整体经济性；二是各大钢铁企业在氢冶金领域持续深耕，2022 年 7 月，富氢碳循环高炉共享试验平台开炉点火，标志着低碳冶金技术试验进入全氧、煤气自循环的新阶段，12 月，全球首例 120 万 t 氢冶金示范工程一期全线贯通，与同等规模传统"高炉 + 转炉"长流程工艺相比，该项目每年可减少二氧化碳排放 80 万 t，减排比例超过 70%。

氢能"储、运、加"国产化进程稳步推进

2022 年，中国氢能"储、运、加"环节国产化同步推进，氢能储运项目达到 79 个，其项目统计如图 9.1 所示。 就主要项目而言，一是包括规划在内的中国输氢管线总长度已超过 1800km，成为突破发展瓶颈的优先方向，加快解决氢能输送"卡脖子"难题；二是中国首个万吨级 48K 大丝束碳纤维工程生产线开车并产出合格产品，实现储氢瓶关键材料的国产化突破，改变大丝束碳纤维长期依赖进口的不利局面；三是打破国

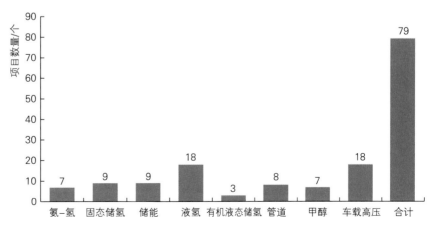

图 9.1　2022 年中国氢能储运项目统计

际垄断，研发出国内首套拥有完全自主知识产权的 45MPa 氢气液驱活塞压缩机，在氢气排量、压比、漏率等方面达到国际领先水平，有利于加氢产业的自主可控发展。

氢燃料电池及氢能汽车规模较大幅度增长

2022 年，氢燃料电池、氢能汽车市场规模双双创造历史最好成绩，2018—2022 年中国氢燃料电池系统装机量、氢能汽车产销量分别如图 9.2、图 9.3 所示。其中，氢燃料电池系统装机量 492.1MW，同比增长 184.5%，氢能汽车累计产/销量 3626/3367 辆，同比分别增长 104%、112%。这主要得益于国家燃料电池汽车城市群示范政策落地实施，推

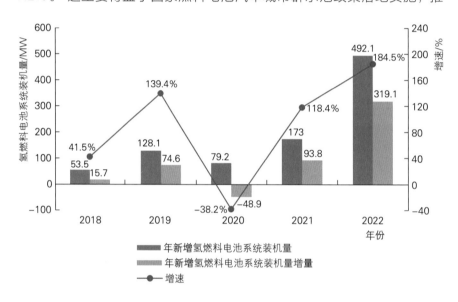

图 9.2　2018—2022 年中国氢燃料电池系统装机量

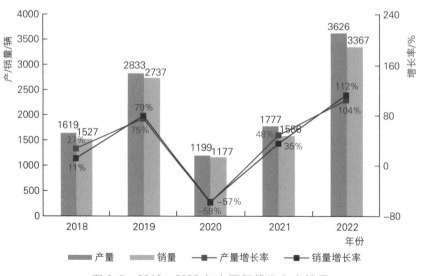

图 9.3　2018—2022 年中国氢能汽车产销量

广力度加大，企业积极性高涨，进入"规模化—降本—技术提升"的产业良性循环，为氢燃料电池及氢能汽车快速发展提供有力支持。

9.2 产业概况

氢能开展全产业链布局

从全产业链来看，在氢气制备方面，可再生能源制氢项目在华北、西北等地区积极推进，电解水制氢成本稳中有降；在氢能储运方面，以20MPa气态储氢和高压管束拖车输运为主，液氢和输氢管网相关试点开始推动；在氢气加注方面，中国累计建成超过300座加氢站，其数量位居世界第一，35MPa智能快速加氢机和70MPa加氢站技术逐步突破；氢能检验测试项目开始起步；在多元化应用方面，以交通领域为突破口，除应用于化工、钢铁等传统行业外，氢能在能源、建筑等领域稳步推进试点示范；氢能汽车保有量超万辆，成为全球最大氢燃料电池商用车生产和应用市场。

今后，中国将通过加强顶层设计、推动关键技术装备攻关、探索多场景高效利用、建立健全标准化体系，积极推动氢能产业高质量发展。

9.3 投资建设

碱性电解水制氢具备一定国际竞争优势

中国制氢资源种类丰富，制氢和绿电生产能力世界第一，产业基础优势明显。其中，国内碱性电解槽装备制造比较成熟，单体制氢量1000~2000Nm³/h，能耗4.3~4.7kW·h/Nm³，达到国际领先水平；同时，中国碱性电解水系统单位功率成本降至约1400元/kW，仅为国外成本的25%~60%，相对国际制造商具有成本优势。加之国内新能源装备龙头企业纷纷进入电解水制氢行业，使得风电、光伏发电与制氢电解槽领域的产业合作紧密。面对需求巨大的国际氢能市场，拥有全球优势地位的中国风电、光伏发电产业有望带动碱性制氢电解槽一体化发展，携手出海，具备抢占国际市场的竞争力。

氢燃料电池系统成本持续下降

2022年，氢燃料电池系统继续提质降本，单机系统最大功率从200kW跃升至300kW级别，价格下降30%，质子交换膜、扩散层、膜电极、催化剂、双极板、空压机、氢循环系统等核心零部件及材料价格下降幅度为10%~40%。其中，零部件及材料的国产化对燃料电池系统整体降本贡献突出，主要体现在两个方面：一方面是国产材料的规模化导致生产成本下降；另一方面则是国产化市场格局促使进口产品价格降低。 随着国产化进程的加速及规模效应，中国氢燃料电池系统成本下降趋势有望持续，如图 9.4 所示。

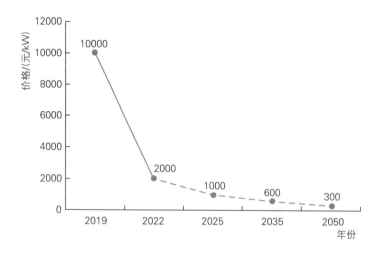

图 9.4　中国氢燃料电池系统成本下降趋势预测

9.4
技术进步

电解水制氢装备技术水平不断提升

2022 年，国内市场共发布 19 款制氢电解槽新产品，向着低成本、低能耗、高电流密度、高产氢量方向持续进步。 其中，碱性电解槽经过多轮次产品迭代，单槽制氢量由 1300Nm³/h 跃升到 2000Nm³/h，运行电流密度提升 30%，槽体重量降低 40%，制氢系统具备 10%～120% 动态调节能力，系统能耗优于国标一级能效标准，完成电解槽高电流密度、宽可调范围、低运行能耗、高稳定性等多项关键技术突破；质子交换膜电解槽制氢量达到 200Nm³/h，在长春、濮阳等地开展兆瓦级示范应用；1Nm³/h 固体氧化物电解制氢系统样机通过验收，实现零的突破。

绿氢制取研究取得关键突破

2022 年，国内研究团队在海水直接制氢、碱性电解水制氢和光催化制氢等领域取得积极进展。 一是开发了相变迁移驱动的海水无淡化原位直接电解制氢全新原理技术，隔绝海水离子，实现无淡化过程、无副反应、无额外能耗的高效海水原位直接电解制氢技术突破，破解海水直接电解制氢难题；二是研发了一种高活性 3D 打印复杂结构镍基电极制备方法，能够提升碱性电解制氢能量转化效率，推动大规模制氢工业化过程；三是在国际上首次成功拍摄到光催化剂光生电荷转移演化的全时空图像，揭示复杂多重电荷转移机制的微观过程，明确电荷分离机制与光催化分解水效率之间的本质关联，为突破太阳能光催化分解水制氢瓶颈提供了新的认识和研究策略。

氢能装备重大研发技术得到验证

目前，氢能装备研发及示范应用持续推进，35MPa 快速加氢机、兆瓦级质子交换膜电解水制氢设备、质子交换膜燃料电池供能装备、70MPa 集装箱式高压智能加氢成套装置等 4 项列入 2022 年度"能源领域首台（套）重大技术装备（项目）名单"。

氢燃料电池、氢能汽车研发应用创造多项纪录

2022 年 2 月，北京冬（残）奥会期间，超过 1200 辆氢燃料电池汽车在严苛环境下持续稳定运行，成功实现全球最大规模绿氢燃料电池汽车示范应用；10 月，国内氢燃料电池完成 10029h 耐久性实测，首次突破 1 万 h 大关，系统工况性能衰减率小于 5%，标志着氢燃料电池系统在高耐久、高可靠、高安全性方面迈出坚实一步；11 月，全球首款额定功率 260kW 氢燃料电池通过国家强检认证，进一步提升系统功率、冷启动性能、变载速率等指标，各项参数达到行业领先水平；同月，中国首次完成空间燃料电池在轨试验，通过多工况循环验证燃料电池能源系统在舱外真空、低温及微重力条件下发电特性、变功率响应规律以及电化学反应的界面特性等，为空间燃料电池能源系统研制和关键技术攻关提供了重要数据和理论支撑。

9.5
发展特点

氢能"1＋N"政策体系初步形成

为引导中国氢能产业健康有序发展，2022 年 3 月，国家发展改革委、国家能源局联合印发《氢能产业发展中长期规划（2021—2035年）》，首次明确氢能是未来国家能源体系的重要组成部分，确定氢能产业定位，部署推动氢能产业高质量发展的重要举措以及产业发展各阶段目标。随后，全国各地依据区域、资源经济条件和产业结构，不断加快政策出台，据统计，2022 年国家各部委、21 个省（自治区、直辖市）、69 个地级市（县、区）已出台 350 余项氢能规划、实施方案、补贴细则等政策文件。总的来说，氢能顶层设计路径清晰，产业政策不断叠加，涵盖氢能"制、储、运、加、用"全产业链，覆盖多产业、多场景的"1＋N"政策体系初步建立，政策保障、市场环境持续完善。

可再生能源制氢呈现集聚性、融合发展特征

2022 年，中国可再生能源制氢市场呈现以下特征：一是绿氢制备规模朝大型化发展，年制氢万吨级项目不断落地实施；二是项目主要分布在风光资源丰富的西北、华北和行业需求旺盛的华南地区，上述地区制氢规模占比超过 98％，项目地域分布趋向集聚，产业集中度进一步提升；三是氢能与石油炼化、化工合成、钢铁冶炼和交通等多领域融合项目不断拓展，为工业领域减碳开展示范探索。

氢能综合利用拓展高质量发展新业态

2022 年，中国已有超过 11 个氢能综合利用示范项目建成运营，旨在提高能源综合效率。7 月，国内首座兆瓦级氢能综合利用示范站在安徽六安正式投运，标志着中国首次实现兆瓦级制氢—储氢—氢能发电的全链条技术贯通，是氢能"制、储、发"环节自主研发技术的全面验证；8 月，全国首个"海上风电＋海洋牧场＋海水制氢"融合项目在广东阳江开工建设，项目总装机容量 500MW，配套建设海上风电制氢系统以提升海域利用和项目整体效率；11 月，中韩示范区"可再生能源＋质子交换膜（PEM）电解制氢＋加氢"项目试运行成功，这是国内首个 PEM制氢加氢一体化项目，采用电解水制氢后就地储存或者加氢，解决了氢气长距离运输难题。

氢燃料电池实现多元化场景应用

2022 年，随着政策支持及基础设施建设的不断完善，氢燃料电池逐步从单一的交通应用向多元化场景示范转变。中国在储能发电、工程机械、船舶、叉车、智能机器人和无人机等领域开展了氢燃料电池多场景应用，形成多点突破的发展态势，继续向氢燃料电池大功率、高效率、长耐久性方向迈进。

国际合作加速氢能产业化进程

2022 年，中国加强氢能领域国际合作，构建能源立体合作新格局：一是首届中国—阿拉伯国家峰会、中国—海湾阿拉伯国家合作峰会顺利召开，推动中阿清洁氢示范合作项目落地，为国内氢能技术装备成套输出、优化区域能源贸易体系等方面带来新机遇；二是中国—芬兰能源合作示范项目——广州南沙微能源网示范工程建成投产，该项目耦合氢燃

料电池、太阳能集热系统及基岩储能系统，建成国内最大单组容量 60kW 固体氧化物燃料电池，其发电效率比传统燃煤机组提高 30％ 以上，具备国际先进水平；三是国内企业相继获得美国、马来西亚、斯洛伐克、韩国、印度等国家制氢业务订单。 总的来说，氢能已成为国际能源合作的重要方向，也将加快中国氢能产业化目标的实现。

10 国际合作

10.1
可再生能源
国际合作
综述

可再生能源国际合作持续深化

当前，面对复杂多变的国际形势和能源低碳发展的全球趋势，加强可再生能源国际合作是维护能源市场稳定，推动绿色可持续发展的重要措施。在"四个革命、一个合作"能源安全新战略指引下，中国持续全方位加强可再生能源国际合作，积极参与全球能源治理，取得丰硕务实合作成果，为维护能源安全、推动能源转型贡献了中国力量。

2022年，中国政府在多双边合作机制下不断深化与国际组织、政府部门等对话交流与协作，围绕各方关注的重点领域和重点议题展开深入交流，持续深化能源国际合作，不断推动全球可再生能源发展。

10.2
政府间
多边合作

2022年，中国高质量推动"一带一路"框架下能源合作，加快建立全球清洁能源伙伴关系，不断深化与东盟、阿盟、非盟、亚太经济合作组织（APEC）等区域能源平台合作，积极参与全球能源治理，努力维护全球能源安全。通过多边合作，不断扩大共识，提升中国在国际能源市场的话语权和影响力，为建设更加有序、更加包容的全球能源治理架构提供中国方案。2022年多边合作的主要内容如下。

务实推进"一带一路"框架下能源合作

第一，加强顶层设计，贯彻落实共建"一带一路"精神，发布《关于推进共建"一带一路"绿色发展的意见》，强调深化绿色清洁能源合作，推动能源国际合作及绿色低碳转型发展，为能源领域各相关主体参与绿色丝绸之路建设规划了战略路径、指明了重点方向、提供了决策支撑。第二，不断扩大"一带一路"能源合作"朋友圈"，深化"一带一路"能源合作伙伴关系，随着古巴、摩洛哥、泰国等国先后加入，现有"一带一路"能源伙伴关系成员国33个；同时，已与绿色能源、互联互通（电力）、绿色金融等7个伙伴关系合作网络工作组组长单位建立常态化联络机制。第三，推动"一带一路"沿线国家绿色转型发展。中国在"一带一路"沿线国家的绿色低碳能源投资占总投资比例接近60％，已超过传统能源，一大批清洁、高效、质优的绿色能源项目相继建成，为参与共建"一带一路"的国家提供了大量安全稳定、经济适用的绿色能源。

加快建立全球清洁能源伙伴关系

在全球发展高层对话会上发表主席声明，并围绕全球发展倡议重点领域发布成果清单。 在能源领域，中国提出将推动建立全球清洁能源合作伙伴关系，举办国际能源变革论坛，探索建立国际能源变革联盟。 在第 77 届联合国大会期间，"全球发展倡议之友小组"部长级会上发布了《全球清洁能源合作伙伴关系概念文件》，文件深入阐释了有关合作理念，提出了重点合作方向，包括与国际可再生能源署共同主办国际能源变革论坛、探索建立国际能源变革联盟、孵化更多"小而美"的清洁能源国际合作项目、联合开展清洁能源技术攻关、拓展清洁能源跨国培训项目等工作。 全球清洁能源伙伴关系将发挥切实平台引领作用，推动清洁能源在全球能源变革中发挥主导作用。

全球发展高层对话会

推动区域能源合作平台建设

重点推进中国—东盟清洁能源合作中心、中国—阿盟清洁能源培训中心、中国—非盟能源伙伴关系、APEC 可持续能源中心等区域能源合作平台发展。 中国—东盟方面，建立中国—东盟清洁能源合作中心写入第 25 次中国—东盟领导人会议发布的《关于加强中国—东盟共同的可持续发展联合声明》；第五届东盟＋3 清洁能源圆桌对话成功举办；以光伏＋和可持续水电为主题组织中国—东盟清洁能源能力建设计划相关活动。中国—阿盟方面，共建中阿清洁能源合作中心写入首届中国—阿拉伯国家峰会提出的中阿务实合作"八大共同行动"；中阿清洁能源培训中心2022 年线上培训圆满落幕，来自阿拉伯联盟驻华代表处和阿拉伯联盟 4个国家的 32 名政府官员参加活动。 中国—非盟方面，围绕提升非洲电力可及水平，两期研讨会和一期能力建设培训活动成功举办；在联合国气候变化大会第二十七次缔约方会议（COP27）中国角举办"清洁能源赋能非洲电力可及"活动，发布埃及倡议和相关成果报告。倡议从加强政策研究、推动技术合作、鼓励绿色金融、打造示范项目、促进社会和环境可持续发展5个方面提出呼吁。中国—APEC方面，第八届亚太能源可持续发展高端论坛成功召开，会上发布了亚太经合组织可持续能源中心（APSEC）第二个三年行动计划（2020—2022）；在APEC能源智库论坛2022会议上，通过智库交流与合作的方式，围绕能源转型、科技创新、气候金融等议题进行广泛交流，推进了APEC能源智库合作及学术研究，深化了APEC地区的学术研讨互鉴和人文交流。

第五届东盟＋3清洁能源圆桌对话

积极参与全球能源治理

充分发挥金砖主席国影响力，第七届金砖能源部长会上通过了《第七届金砖国家能源部长会议公报》，发布了《金砖国家可再生能源报告2022》和《金砖国家智能电网报告2022》，各方就进一步深化金砖国家能源合作、推动能源绿色低碳转型、深入参与全球能源议题等达成共识；深化与国际可再生能源署（IRENA）机制性合作，正式成立中国—IRENA合作办公室，双方在交流活动、智力合作、人员交流等领域取得务实成效；加强与上海合作组织成员国能源合作，在上海合作组织成员国能源部长会第二次会议上，通过了《〈上海合作组织成员国能源领域合作构想〉务实落实行动计划》，确认了《上海合作组织成员国可再生能源领域合作纲要》，并签署了会议纪要，未来要充分发挥政府的规划引领作用，统筹能源安全和能源绿色低碳发展，积极打造可再生能源示范性项目，深化科技创新合作，推动能源合作提质升级；在 G20 能源转型部长会和能源转型工作组会议上，宣介中方能源转型主张，主动参与能源领域成果设计。

中国—国际可再生能源署合作办公室成立

努力维护全球能源安全

中国作为负责任大国，在引领全球维护能源安全方面起到建设性作用。2022 年 9 月，上海合作组织成员国领导人在乌兹别克斯坦召开的元首理事会会议期间发布首份能源安全领域专项声明——《上海合作组织成员国元首理事会关于维护国际能源安全的声明》，倡议推动构建清洁、低碳、安全、高效的能源体系，强调大力推进风能、太阳能、水能等可再生能源协同发展，共同构建公正公平、均衡普惠的全球能源治理体系；2022 国际可再生能源署部长级会议围绕"加快推进能源转型和保

2022 年国际可再生能源署部长级会议

障能源安全的一致行动"展开讨论，会上宣介中国在保障能源安全等方面的具体举措，表示未来中国将继续加强与各能源国际组织和各国共同维护全球能源市场稳定。

10.3 政府间双边合作

2022 年，中国积极推进与巴西、智利、德国、芬兰、丹麦、英国、巴布亚新几内亚、俄罗斯、老挝、巴基斯坦、沙特阿拉伯等国在双边合作机制下的可再生能源合作，深化各领域互利互惠。双边合作主要内容如下。

深化拉美地区可再生能源合作

中国一巴西方面，在中巴（西）高委会能矿分委会第五次会议上，双方就油气、矿业、电力、核能、能源转型等领域合作展开深入沟通。中国一智利方面，在第四届中智经济合作与战略协调对话能源工作组会议上，双方围绕"中智绿色低碳转型，清洁能源互惠合作"进行交流，希望利用中智能源工作组等机制，务实服务清洁能源项目落地，通过三方合作等合作方式，加强关键技术创新协作，不断拓展绿色金融。

中巴（西）高委会能矿分委会第五次会议

持续加强与欧洲国家双边能源合作

中国一德国方面，在第十次中德能源工作组会议上，双方围绕开展清洁能源领域合作展开交流。中国一芬兰方面，举办首个中芬示范项目投产仪式，发布首批项目更新名单及第二批示范项目候选名单。中国一丹麦方面，与丹麦国家电网签约框架协议，双方就在提升电网灵活性、高压直流技术、新能源并网等 7 个领域深化合作达成共识。 中国—英国方面，在第八届中英海上风电产业合作指导委员会年会期间，围绕产业链、技术、融资、保险等方面进行深入交流，为中英海上风电高质量发展提供技术支撑。

第八届中英海上风电产业合作指导委员会年会

积极拓展与太平洋岛国能源合作

中国—巴布亚新几内亚方面，与巴布亚新几内亚召开中巴（新）天然气合作视频会议，凝聚双方在新能源等领域的合作共识。 组织召开中国—太平洋岛国应对气候变化对话交流会，与汤加、斐济、密克罗尼西亚、所罗门群岛、基里巴斯、萨摩亚、瓦努阿图等 7 个太平洋岛国的驻华使节沟通探讨，未来将继续通过双边渠道并在南南合作框架下，发挥好中国—太平洋岛国应对气候变化合作中心等平台的作用。

中国—太平洋岛国应对气候变化对话交流会

中国—俄罗斯能源合作依托中俄能源商务论坛不断深

在第四届中俄能源商务论坛上，双方围绕维护能源安全、促进绿色清洁转型展开深入交流，发布了《中俄能源合作投资指南（中国部分）》，为俄企业在华开展可再生能源领域等合作提供服务和信息指引，释放出两国继续深化、扩大能源合作的积极信息。 在国际能源市场动荡加剧的当下，双方加强交流合作对于保障两国能源安全及维持全球能源市场稳定具有重要意义。 据统计，自中俄能源商务论坛举办以来，共推动签署双边合作文件近 50 份，论坛已发展成为孵化双方企业合作的重要平台。

第四届中俄能源商务论坛

中国—老挝积极推进能源领域互联互通

在中老能源合作工作组第二次会议期间，双方就老挝国家输电网项目（EDLT）、中老联网项目、中资在老投资水电站电力消纳、推动老挝电力行业长远可持续发展等多个议题进行深入交流。 中老电力公司签署 115kV 中老联网项目购售电协议。 6 月，东盟—那磨 115kV 输电线路成功实现带负荷试运行。 中老实现双向电力贸易是共建中老命运共同体在能源电力领域的生动实践，为后续更高电压等级电网互联互通、更大规模电力贸易提供了可行的商务模式。

中老能源合作工作组第二次会议

中国—巴基斯坦经济走廊合作机制高效运行

在中巴经济走廊能源规划专家组第七次会议上，双方就加强巴基斯坦本土资源利用和可再生能源项目建设等达成共识，并签署了《中巴经济走廊能源合作项目实施指引》，明确了电力项目纳入走廊合作清单标准。 在中巴经济走廊联合合作委员会第十一次会议上，能源工作组就走廊内发电项目的融资情况和支付情况展开讨论。 未来，双方将围绕水电、光伏发电、智能电表、抽水蓄能等领域继续深化合作。

中巴经济走廊联合合作委员会第十一次会议

中国—沙特阿拉伯能源合作开启新篇章

2022 年 10 月，中国与沙特阿拉伯举行能源部长视频会见，双方就在中沙和平利用核能的政府间协议框架下开展合作达成共识，双方认为在电力、可再生能源和氢能领域合作具有重要意义。 12 月上旬，首届中国—阿拉伯国家峰会、中国—海湾阿拉伯国家合作委员会峰会在沙特首都利雅得举行，双方表示希望加强能源政策沟通协调，深化绿色发展和清洁能源等领域合作，交换了氢能领域合作文件文本。 当前，中阿能源企业合作的重点已从传统能源转向低碳能源领域，太阳能、风能、水电、核电、氢能等领域合作不断拓展。

10.4 国际合作项目概况

2022 年，中国能源企业依托自身技术优势，积极响应"走出去"战略，不断提高投资运营和国际化经营能力，强化产业链供应链建设，在海外市场兴建了一批水电、风电、光伏等可再生能源项目，打造了一批绿色低碳示范工程，在实现互利共赢的基础上，进一步推动了各国可再生能源开发利用。

水电国际合作稳步发展

中国企业不断拓展海外市场，推动了当地绿色能源产业升级，促进了当地经济社会发展。 2022 年，中国境外水电项目签约 38 个，签约金额约 42.1 亿美元，新签项目主要集中在东南亚地区，包括尼泊尔多个水电项目，布迪甘达基 341MW 水电站（BG HPP）项目 EPC 合同，杜科西 6

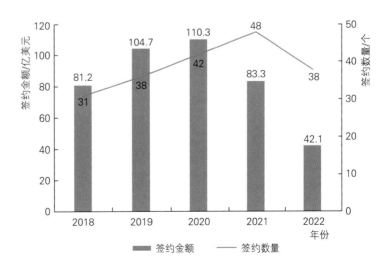

2018—2022 年中国企业境外水电项目统计

级 171MW 水电站（DK6）项目 EPC 合同，南兰·科拉 260MW 水电站项目 EPC 合同；菲律宾基邦岸 500MW 抽水蓄能电站 EPC 项目，预计建成后年发电量达 18.25 亿 kW·h；印度尼西亚第一个抽水蓄能项目——上西索堪 1040MW 抽水蓄能电站 EPC 项目；森巴孔 250MW 水电站和吉能当 1 号 180MW 水电站 EPC 项目；马来西亚吉兰丹能吉利 300MW 水电站项目；此外，尼日利亚最大水电项目——宗格鲁 700MW 水电站投产发电；"一带一路"沿线西非区域的大型基础设施建设项目——马里古伊那 140MW 水电站并网发电。

卡洛特水电站位于巴基斯坦旁遮普省卡洛特地区，是"一带一路"和"中巴经济走廊"首个大型水电投资项目。6 月 29 日，卡洛特水电站全面投入商业运营，该项目总装机容量 72 万 kW，总投资约 17.4 亿美元，年平均发电约 32 亿 kW·h，可满足当地 500 万人用电需求，每年可减少二氧化碳排放量 350 万 t，该项目是巴基斯坦首个完全使用中国技术和中国标准建设的水电项目。

巴基斯坦卡洛特水电站

风电国际合作持续推进

2022 年，中国境外风电项目签约 41 个，签约金额约 79.3 亿美元，新签项目主要集中在亚洲地区。包括乌兹别克斯坦布哈拉 1GW 风电项目 EPC 合同，有效促进当地电力供应模式多元化；越南凯龙金瓯旅游区一期 100MW 风电场项目 EPC 合同和越南近海系列 500MW 风电项目 EPC 合同；埃及单体容量最大的风电项目——500MW 苏伊士湾风电项目 EPC 合同，建成后预计年平均发电量 27 亿 kW·h；中哈产能合作清单重点项目——哈萨克斯坦阿克莫拉州一期 150MW 风电项目 30 台风机成功并网发电。

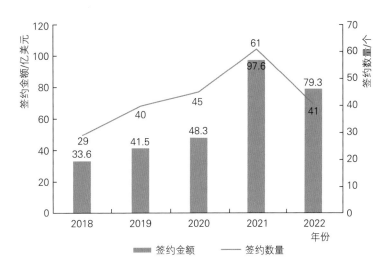

2018—2022 年中国企业境外风电项目统计

11 月 4 日，中资企业签署老挝孟松 600MW 风电项目 EPC 合同，合同总金额约 7 亿美元。 孟松风电项目位于老挝南部色贡省及阿速坡省，是老挝第一个风电项目。 项目建成后，主要向越南输送电力，这是老挝首次实现新能源电力跨境输送，将有效缓解越南中部地区用电紧张情况。 项目预计可实现碳减排 3500 万 t，助力老挝进一步打造"东南亚蓄电池"愿景。

老挝孟松风电项目

光伏发电国际合作快速发展

2022 年，中国光伏产品（硅片、电池片、组件）出口总额约 512.5 亿美元，同比增长 80.3%。 光伏组件出口量超过 153GW，同比增长 55.8%，出口额、出口量均创历史新高。 光伏产品出口市场主要在欧洲和亚太地区。 其中，欧洲是中国光伏主要出口市场，约占出口总额的

46％，出口量达 86.6GW，同比增长 114.9％。 亚太地区是中国光伏稳定出口市场，出口量达 28.5GW，同比增长 27％。 同时，中国境外光伏项目签约 136 个，签约金额达 99.7 亿美元，同比增长 74.6％。

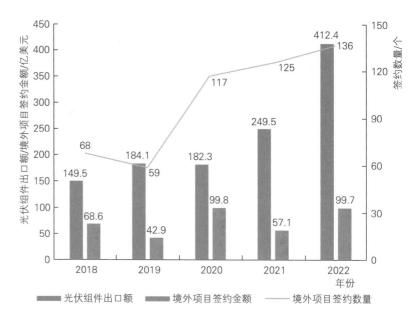

2018—2022 年中国企业境外光伏项目统计

6 月 29 日，中资企业在孟加拉达卡正式签署孟加拉帕布纳 64MW 光伏电站项目投资协议，标志着孟加拉帕布纳 500MW 可再生能源项目正式启动，这是中资企业在孟加拉投资的最大的可再生能源项目。 项目全面建成投运后预计年发电 2.2 亿 kW·h，有助于每年减少二氧化碳排放量约 21 万 t，可将孟加拉可再生能源电站占比提高至 15％，助推孟加拉实现 2041 年可再生能源发电占比 40％的目标。

孟加拉帕布纳 64MW 光伏电站

10.5
可再生能源国际合作展望

2022 年，在全球油价波动、经济发展速度放缓、地缘政治局势紧张等因素的影响下，实现可持续发展之路任重道远，但各国推进绿色低碳转型的决心依旧，为实现净零排放承诺和碳中和目标，美国、英国、德国、日本、印度等国家纷纷出台加速可再生能源发展的政策。同时，一系列可再生能源国际合作不断开花结果，为世界经济恢复注入新活力，助力携手应对气候危机，推动实现可持续发展。

未来，中国将继续推进"一带一路"能源合作走深走实，聚焦重点区域和重点国家，不断提高区域合作水平，努力构建全球清洁能源伙伴关系，全方位深化国际合作，助力能源市场健康、稳定、可持续发展。

中国—东盟国家的合作重点是深入推进清洁能源国际合作，推动建立中国—东盟清洁能源合作中心，筹备策划中国—东盟清洁能源能力建设计划活动，办好第六届东亚峰会清洁能源论坛和第六届东盟＋3 清洁能源圆桌对话。

中国—非盟国家的合作重点是充分发挥中国—非盟能源伙伴关系作用，加强在对话交流、规划研究、能力建设、项目孵化等方面合作，办好中国—非盟能源伙伴关系框架下系列研讨会议和能力建设培训，支持与非洲国家共同开展清洁能源合作规划，开展中非清洁能源合作项目信息库建设，积极推动潜在项目孵化。

中国—阿盟国家的合作重点是以中阿清洁能源合作中心为依托平台，持续全方位推动中国—阿盟清洁能源合作，加强中阿在清洁能源领域的政策对话、科学研究、技术交流和成果发布，有针对性地开展能力建设，切实推进合作示范项目的实施、开发和建设。

中国—欧洲国家的合作重点是主动参与新一轮部长级能源对话，充分发挥中欧能源技术创新合作平台专项工作组、中欧海上风电合作论坛的桥梁作用，促进氢能、储能、风电、智慧能源等重点领域对欧合作纵深发展，推动一批中欧能源技术创新合作示范项目落地实施，提升中欧能源合作的层次与水平。

中国—美国的合作重点是发挥中美各自优势，拓宽能源领域合作渠道，坚持以二轨促一轨和合作共赢原则，依托中美能源合作项目（ECP）等合作平台，寻找优势互补的合作模式，支持双方企业按市场化原则开展能源领域务实合作。

中国—俄罗斯的合作重点是筹备好第五届中俄能源商务论坛和中俄能源合作委员会第二十次会议，共同维护国际能源安全，支持中国企业按照互利共赢、商业化原则开展对俄能源贸易，加强在光伏、风电、氢能、储能以及绿色金融等领域的协作，不断拓展与俄清洁能源领域合作。

展望未来，中国将继续以推动构建人类命运共同体、努力实现碳达峰碳中和为目标，统筹国内和国际、安全和发展，深度参与多双边合作机制下各项工作，积极参与全球能源治理，努力维护能源市场稳定，拓展能源合作新空间，为建设持久和平、普遍安全、共同繁荣、清洁美丽的世界注入中国力量。

11 政策要点

11.1
综合类政策

2022 年，国家在加强规划目标引导、推动科技创新、规范运行管理、促进市场化交易、能源标准化提升、完善能耗双控制度等方面，出台了一系列的政策和措施，支持和促进可再生能源行业大规模、高质量跃升发展。

（1）2022 年 1 月，国务院发布了《中共中央 国务院关于做好 2023 年全面推进乡村振兴重点工作的意见》，要求扎实推进宜居宜业和美乡村建设，推进农村电网巩固提升，发展农村可再生能源。

（2）2022 年 1 月，国家发展改革委、国家能源局印发《关于完善能源绿色低碳转型体制机制和政策措施的意见》（发改能源〔2022〕206 号），明确到 2030 年，基本建立完整的能源绿色低碳发展基本制度和政策体系，形成非化石能源既基本满足能源需求增量又规模化替代化石能源存量、能源安全保障能力得到全面增强的能源生产消费格局，并在完善国家能源战略和规划实施的协同推进机制、完善引导绿色能源消费的制度和政策体系、建立绿色低碳为导向的能源开发利用新机制、完善新型电力系统建设和运行机制等方面提出具体要求。

（3）2022 年 1 月，国家发展改革委、工业和信息化部、住房和城乡建设部、商务部、国家市场监督管理总局、国管局、中直管理局联合印发《促进绿色消费实施方案》（发改就业〔2022〕107 号），提出了促进重点领域消费绿色转型、强化绿色消费科技和服务支撑、健全绿色消费制度保障体系、完善绿色消费激励约束政策等四方面重点任务和政策措施。

（4）2022 年 1 月，国家发展改革委、国家能源局印发《"十四五"现代能源体系规划》（发改能源〔2022〕210 号），阐明中国能源发展方针、主要目标和任务举措，提出通过增强能源供应链安全性和稳定性、推动能源生产消费方式绿色低碳变革、提升能源产业链现代化水平等措施，推动构建现代能源体系。提出增强电源协调优化运行能力。因地制宜发展储热型太阳能热发电，推动太阳能热发电与风电、光伏发电融合发展、联合运行，加快推进抽水蓄能电站建设，加快新型储能技术规模化应用。统筹提升区域能源发展水平，积极推动乡村能源变革。提出建设智慧能源平台、数据中心和智慧能源示范工程，在风光发电领域加快"智慧风电""智慧光伏"建设，推进电站数字化与无人管理。并特别罗列"智慧风电"所包含内容，如智能化运维、故障预警、精细化控制、场群控制等。

（5）2022 年 1 月，国家发展改革委、国家能源局印发《关于加快建设全国统一电力市场体系的指导意见》（发改体改〔2022〕118 号），明确到 2025 年全国统一电力市场体系初步建成、到 2030 年全国统一电力市场体系基本建成的总体目标，并从完善统一电力市场体系功能、健全统一电力市场体系交易机制、加强电力统筹规划和科学监管、构建适应新型电力系统的市场机制等方面提出具体措施。

（6）2022 年 3 月，国家能源局印发《2022 年能源工作指导意见》（国能发规划〔2022〕31 号），明确 2022 年能源工作主要目标。2022 年，煤炭消费比重稳步下降，非化石能源占能源消费总量比重提高到 17.3% 左右，新增电能替代电量 1800 亿 kW·h 左右，风电、光伏发电发电量占全社会用电量的比重达到 12.2% 左右。跨区输电通道平均利用小时数处于合理区间，风电、光伏发电利用率持续保持合理水平。加大力度规划建设以大型风光基地为基础、以其周边清洁高效先进节能的煤电为支撑、以稳定安全可靠的特高压输变电线路为载体的新能源供给消纳体系。优化近海风电布局，开展深远海风电建设示范，稳妥推动海上风电基地建设。积极推进水风光互补基地建设。因地制宜组织开展"千乡万村驭风行动"和"千家万户沐光行动"。充分利用油气矿区、工矿场区、工业园区的土地、屋顶资源开发分布式风电、光伏。

（7）2022 年 4 月，国家发展改革委、国家统计局、生态环境部联合印发《关于加快建立统一规范的碳排放统计核算体系实施方案》（发改环资〔2022〕622 号），提出到 2023 年，基本建立职责清晰、分工明确、衔接顺畅的部门协作机制，初步建成统一规范的碳排放统计核算体系。到 2025 年，统一规范的碳排放统计核算体系进一步完善，数据质量全面提高，为碳达峰碳中和工作提供全面、科学、可靠数据支持。明确在全国及地方、重点行业企业、重点产品三个层面分别建立碳排放核算制度，并提出完善行业企业碳排放核算机制、建立健全重点产品碳排放核算方法、完善国家温室气体清单编制机制等重点任务，提出夯实统计基础、建立排放因子库、应用先进技术、开展方法学研究、完善支持政策等五项保障措施，并对组织协调、数据管理及成果应用提出工作要求。

（8）2022 年 4 月，国家能源局和科学技术部联合发布《"十四五"能源领域科技创新规划》（国能发科技〔2021〕58 号）。提出要聚焦大规模高比例可再生能源开发利用，研发更高效、更经济、更可靠的水能、风能、太阳能、生物质能、地热能以及海洋能等可再生能源先进发电及综合利用技术，支撑可再生能源产业高质量开发利用；攻克高效氢气制备、储运、加注和燃料电池关键技术，推动氢能与可再生能源融合发展。 要加快电网核心技术攻关，支撑建设适应大规模可再生能源和分布式电源友好并网、源网荷双向互动、智能高效的先进电网；突破能量型、功率型等储能本体及系统集成关键技术和核心装备，满足能源系统不同应用场景储能发展需要。 推动电厂、电网等传统行业与数字化、智能化技术深度融合，开展各种能源厂站和区域智慧能源系统集成试点示范，引领能源产业转型升级。

（9）2022 年 4 月，国家发展改革委第 50 号令发布《电力可靠性管理办法（暂行）》。 包括电力系统、发电、输变电、供电、用户可靠性管理等。 其中，电力系统可靠性管理提出积极稳妥推动发电侧、电网侧和用户侧储能建设，合理确定建设规模，加强安全管理，推进源网荷储一体化和多能互补。 建立新型储能建设需求发布机制，充分考虑系统各类灵活性调节资源的性能，允许各类储能设施参与系统运行，增强电力系统的综合调节能力。 要求沙漠、戈壁、荒漠地区的大规模风力、太阳能等可再生能源发电企业要建立与之适应的电力可靠性管理体系，加强系统和设备的可靠性管理，防止大面积脱网，对电网稳定运行造成影响。

（10）2022 年 4 月，教育部印发《加强碳达峰碳中和高等教育人才培养体系建设工作方案》（教高函〔2022〕3 号）。 要求将绿色低碳理念纳入教育教学体系，广泛开展绿色低碳教育和科普活动。 充分发挥大学生组织和志愿者队伍的积极作用，开展系列实践活动，增强社会公众绿色低碳意识，积极引导全社会绿色低碳生活方式。 要求加快储能和氢能相关学科专业建设，进一步加强风电、光伏、水电和核电等人才培养，加快碳捕集、利用与封存相关人才培养，加大碳达峰碳中和领域课程、教材等教学资源建设力度等。

（11）2022 年 5 月，财政部印发《财政支持做好碳达峰碳中和工作的意见》（财资环〔2022〕53 号），首次提出碳市场配额分配将适时引入有偿分配的方式，同时从清洁低碳安全高效能源体系建设、重点行业领域绿色低碳转型、绿色低碳科技创新和基础能力建设、绿色低碳生活和资源节约利用、碳汇能力巩固提升和绿色低碳市场体系完善等六方面做好财政政策保障工作。

（12）2022 年 5 月，国务院办公厅转发国家发展改革委、国家能源局《关于促进新时代新能源高质量发展的实施方案》（国办函〔2022〕39 号），明确要实现到 2030 年风电、太阳能发电总装机容量达到 12 亿 kW 以上的目标，加快构建清洁低碳、安全高效的能源体系。 促进新时代新能源高质量发展，提出在创新开发利用模式、构建新型电力系统、深化"放管服"改革、支持引导产业健康发展、保障合理空间需求、充分发挥生态环境保护效益、完善财政金融政策等七个方面完善政策措施，坚持先立后破、通盘谋划，更好发挥新能源在能源保供增供方面的作用，助力扎实做好碳达峰碳中和工作。

（13）2022 年 5 月，中共中央办公厅、国务院办公厅印发了《乡村建设行动实施方案》，要求重点实施乡村清洁能源建设工程。巩固提升农村电力保障水平，推进城乡配电网建设，提高边远地区供电保障能力。发展太阳能、风能、水能、地热能、生物质能等清洁能源，在条件适宜地区探索建设多能互补的分布式低碳综合能源网络。按照先立后破、农民可承受、发展可持续的要求，稳妥有序推进北方农村地区清洁取暖，加强煤炭清洁化利用，推进散煤替代，逐步提高清洁能源在农村取暖用能中的比重。

（14）2022 年 5 月，国家税务总局印发《支持绿色发展税费优惠政策指引》，明确推动低碳产业发展，提出清洁发展机制基金及清洁发展机制项目税收优惠和风力、水力、光伏发电和核电产业税费优惠具体措施，包括风力发电增值税即征即退、水电站部分用地免征城镇土地使用税、分布式光伏发电自发自用电量免收国家重大水利工程建设基金、分布式光伏发电自发自用电量免收可再生能源电价附加等内容。

（15）2022 年 5 月，《国务院关于印发扎实稳住经济一揽子政策措施的通知》（国发〔2022〕12 号），提出抓紧推动实施一批能源项目。积极稳妥推进金沙江龙盘等水电项目前期研究论证和设计优化工作。加快推动以沙漠、戈壁、荒漠地区为重点的大型风电光伏基地建设，近期抓紧启动第二批项目，统筹安排大型风光电基地建设项目用地用林用草用水，按程序核准和开工建设基地项目、煤电项目和特高压输电通道。

（16）2022 年 6 月，国家发展改革委、国家能源局、财政部、自然资源部、生态环境部、住房和城乡建设部、农业农村部、中国气象局、国家林业和草原局印发《"十四五"可再生能源发展规划》，提出到2025 年，可再生能源年发电量达到 3.3 万亿 kW·h 左右。"十四五"期间，可再生能源发电量增量在全社会用电量增量中的占比超过 50%，风电和太阳能发电量实现翻倍。坚持生态优先、因地制宜、多元融合发展，在"三北"地区优化推动风电和光伏发电基地化规模化开发，在西南地区统筹推进水风光综合开发，在中东南部地区重点推动风电和光伏发电就地就近开发，在东部沿海地区积极推进海上风电集群化开发。

（17）2022 年 6 月，生态环境部、国家发展改革委、工业和信息化部、住房和城乡建设部、交通运输部、农业农村部、国家能源局联合发布《减污降碳协同增效实施方案》（环综合〔2022〕42 号），提出到 2025 年减污降碳协同推进的工作格局基本形成，到 2030 年减污降碳协同能力显著提升等工作目标。 并指出要统筹能源安全和绿色低碳发展，实施可再生能源替代行动，大力发展风能、太阳能、生物质能、海洋能、地热能等，因地制宜开发水电，开展小水电绿色改造，不断提高非化石能源消费比重。 推动北方地区建筑节能绿色改造与清洁取暖同步实施，优先支持大气污染防治重点区域利用太阳能、地热、生物质能等可再生能源满足建筑供热、制冷及生活热水等用能需求。 大力发展光伏建筑一体化应用，开展光储直柔一体化试点。 在农业领域大力推广生物质能、太阳能等绿色用能模式，加快可再生能源替代。

（18）2022 年 8 月，国家发展改革委、国家统计局、国家能源局联合印发《关于进一步做好新增可再生能源消费不纳入能源消费总量控制有关工作的通知》（发改运行〔2022〕1258 号），准确界定新增可再生能源电力消费量范围，现阶段主要包括风电、太阳能发电、水电、生物质发电、地热能发电等可再生能源。 并以各地区 2020 年可再生能源电力消费量为基数，"十四五"期间每年较上一年新增的可再生能源电力消费量，在全国和地方能源消费总量考核时予以扣除。 提出以绿色电力证书(以下简称"绿证")作为可再生能源电力消费量认定的基本凭证，绿证核发范围覆盖所有可再生能源发电项目，建立全国统一的绿证体系，积极推动可再生能源参与绿证交易。 完善可再生能源消费数据统计核算体系，要夯实可再生能源消费统计基础，开展国家与地方层面数据核算。

（19）2022 年 8 月，工业和信息化部、财政部、商务部、国务院国资委、国家市场监督管理总局五部门联合印发《加快电力装备绿色低碳创新发展行动计划》（工信部联重装〔2022〕105 号）。 明确推进火电、水电、核电、风电、太阳能、氢能、储能、输电、配电及用电等 10 个领域电力装备绿色低碳发展。

（20）2022 年 9 月，国家能源局印发《能源碳达峰碳中和标准化提升行动计划》，明确重点推进能源绿色低碳转型、技术创新、能效提升和产业链碳减排等相关领域标准化，提出加快完善风电、光伏、水电、各类可再生能源综合利用以及核电标准，组织开展风电光伏标准体系完善行动、水风光综合能源开发利用标准示范行动。 提出完善新型储能标准管理体系，结合新型电力系统建设需求，根据新能源发电并网配置和源网荷储一体化需要，抓紧建立涵盖新型储能项目建设、生产运行全流程以及安全环保、技术管理等专业技术内容的标准体系。

（21）2022年10月，财政部印发《关于提前下达2023年可再生能源电价附加补助地方资金预算的通知》（财建〔2022〕384号），明确2023年度可再生能源电价附加补助资金预算将提前下达。各省级能源主管部门尽快将补贴资金拨付至电网企业或公共可再生能源独立电力系统项目企业。

（22）2022年11月，国家发展改革委、国家能源局发布《关于2022年可再生能源电力消纳责任权重及有关事项的通知》（发改办能源〔2022〕680号），明确各省份2022年可再生能源电力消纳责任权重以及2023年再生能源电力消纳责任权重预期目标，同时提出逐步建立以绿证计量可再生能源消纳量的相关制度。

（23）2022年12月，国家发展改革委、国家能源局印发《关于做好2023年电力中长期合同签订履约工作的通知》（发改运行〔2022〕1861号），明确坚持电力中长期合同高比例签约。提出各地要结合实际用电负荷与新能源出力特性，按需明确划分尖峰、深谷时段，合理拉大峰谷价差，进一步扩大分时段交易范围。鼓励电力用户与新能源企业签订年度及以上的绿色电力交易合同，为新能源企业锁定较长周期并且稳定的价格水平，在成交价格中分别明确绿色电力的电能量价格和绿色环境价值。完善与新能源发电特性相适应的中长期交易机制，满足新能源对合同电量、曲线的灵活调节需求，鼓励新能源高占比地区探索丰富新能源参与市场交易品种，针对新能源高占比地区可适当放宽分时段偏差电量结算要求。

11.2 新能源类政策

2022年国家出台多项政策促进新能源健康持续发展，主要包括金融支持、多元化利用、融合发展、科技创新等方面。

（1）2022年1月，工业和信息化部、国家发展改革委、科学技术部、财政部、自然资源部、生态环境部、商务部、国家税务总局联合印发《关于加快推动工业资源综合利用的实施方案》（工信部联节〔2022〕9号），明确推动废旧光伏组件、风电叶片等新兴固废综合利用技术研发及产业化应用，加大综合利用成套技术设备研发推广力度，探索新兴固废综合利用技术路线。

（2）2022年1月，国家发展改革委、国家能源局发布《"十四五"

新型储能发展实施方案》(发改能源〔2022〕209 号),明确提出到 2025 年,新型储能由商业化初期步入规模化发展阶段,具有大规模商业化应用条件,新型储能技术创新能力显著提高,核心技术装备自主可控水平大幅提升,标准体系基本完善,产业体系日趋完备,市场环境和商业模式基本成熟;到 2030 年,新型储能全面市场化发展。

(3) 2022 年 2 月,财政部办公厅、住房和城乡建设部办公厅、生态环境部办公厅、国家能源局综合司联合印发《关于组织申报 2022 年北方地区冬季清洁取暖项目的通知》(财办资环〔2022〕4 号),提出明确中央财政对纳入支持范围的城市给予清洁取暖改造定额奖补,连续支持 3 年,每年奖补标准为省会城市 7 亿元、一般地级市 3 亿元。计划单列市参照省会城市标准。资金主要支持有关城市开展电力、燃气、地热能、生物质能、太阳能、工业余热、热电联产等多种方式清洁取暖改造,加快推进既有建筑节能改造等工作。

(4) 2022 年 3 月,国家发展改革委、国家能源局联合发布《氢能产业发展中长期规划(2021—2035 年)》。明确了氢的能源属性,是未来国家能源体系的组成部分,充分发挥氢能清洁低碳特点,推动交通、工业等用能终端和高耗能、高排放行业绿色低碳转型。明确氢能是战略性新兴产业的重点方向,是构建绿色低碳产业体系、打造产业转型升级的新增长点。提出了氢能产业发展基本原则和各阶段发展目标:明确到 2025 年,基本掌握核心技术和制造工艺,燃料电池车辆保有量约 5 万辆,部署建设一批加氢站,可再生能源制氢量达到 10 万~20 万 t/年,实现二氧化碳减排 100 万~200 万 t/年。

(5) 2022 年 4 月,国家发展改革委价格司发布《关于 2022 年新建风电、光伏发电项目延续平价上网政策的函》,明确提出对新备案集中式光伏电站和工商业分布式光伏项目,延续平价上网政策,上网电价按当地燃煤发电基准价执行,新建项目可自愿参与市场化交易形成上网电价,以充分体现新能源的绿色电力价值,鼓励各地出台针对性扶持政策。

(6) 2022 年 5 月,中共中央办公厅、国务院办公厅印发《关于推进以县城为重要载体的城镇化建设的意见》,提出推进以县城为重要载体的城镇化建设,完善垃圾收集处理体系,因地制宜建设生活垃圾分类处理系统,配备满足分类清运需求、密封性好、压缩式的收运车辆,建设与清运量相适应的垃圾焚烧设施,做好全流程恶臭防治,提升县城人居环境质量。推进生产生活低碳化。推动能源清洁低碳安全高效利用,引导非化石能源消费和分布式能源发展，在有条件的地区推进屋顶分布式光伏发电。

（7）2022 年 5 月，水利部发布《关于加强河湖水域岸线空间管控的指导意见》（水河湖〔2022〕216 号），要求光伏电站、风力发电等项目不得在河道、湖泊、水库内建设。在湖泊周边、水库库汊建设光伏、风电项目的，要科学论证，严格管控，不得布设在具有防洪、供水功能和水生态、水环境保护需求的区域，不得妨碍行洪通畅，不得危害水库大坝和堤防等水利工程设施安全，不得影响河势稳定和航运安全。

（8）2022 年 6 月，住房和城乡建设部、国家开发银行印发《关于推进开发性金融支持县域生活垃圾污水处理设施建设的通知》（建村〔2022〕52 号），明确了县城生活垃圾焚烧处理设施为重点支持领域，并由省级住房和城乡建设部门会同国家开发银行省（自治区、直辖市）分行，指导县级住房和城乡建设部门梳理"十四五"时期县域生活垃圾处理设施建设项目，建立项目储备库。国家开发银行省（自治区、直辖市）分行对纳入省级住房和城乡建设部门县域生活垃圾污水处理设施建设项目储备库内的项目开辟"绿色通道"，优先开展尽职调查、优先进行审查审批、优先安排贷款投放、优先给予利率优惠。

（9）2022 年 6 月，国家发展改革委、国家能源局发布《关于进一步推动新型储能参与电力市场和调度运用的通知》（发改办运行〔2022〕475 号），明确新型储能可作为独立储能参与电力市场，鼓励新能源场站和配建储能联合参与电力市场。提出充分发挥独立储能技术优势提供辅助服务，由相关发电侧并网主体、电力用户合理分摊；适度拉大峰谷价差，为用户侧储能发展创造空间；建立电网侧储能价格机制，探索将电网替代型储能设施成本收益纳入输配电价回收。

（10）2022 年 6 月，工业和信息化部、国家发展改革委、财政部、生态环境部、国务院国资委、国家市场监督管理总局联合发布《工业能效提升行动计划》（工信部联节〔2022〕76 号），提出到 2025 年，规模以上工业单位增加值能耗比 2020 年下降 13.5% 的目标。加快推进工业用能绿色化。支持具备条件的工业企业、工业园区建设工业绿色微电网，加快分布式光伏、分散式风电、高效热泵、余热余压利用、智慧能源管控等一体化系统开发运行，推进多能高效互补利用。鼓励通过电力市场购买绿色电力，就近大规模高比例利用可再生能源。推动智能光伏创新升级和行业特色应用，创新"光伏＋"模式，推进光伏发电多元布局。大力发展高效光伏、大型风电、智能电网和高效储能等新能源装备。积极推进新型储能技术产品在工业领域应用，探索氢能、甲醇等利用模式。

（11）2022 年 7 月，工业和信息化部、国家发展改革委、生态环境部联合印发《工业领域碳达峰实施方案》（工信部联节〔2022〕88 号），提出推进氢能制储输运销用全链条发展。鼓励企业、园区就近利用清洁能源，支持具备条件的企业开展"光伏＋储能"等自备电厂、自备电源建设。加快工业绿色微电网建设。增强源网荷储协调互动，引导企业、园区加快分布式光伏、分散式风电、多元储能、高效热泵、余热余压利用、智慧能源管控等一体化系统开发运行，推进多能高效互补利用，促进就近大规模高比例消纳可再生能源。持续推动陆上风电机组稳步发展，加快大功率固定式海上风电机组和漂浮式海上风电机组研制，开展高空风电机组预研。重点攻克变流器、主轴承、联轴器、电控系统及核心元器件，完善风电装备产业链。

（12）2022 年 6 月，科学技术部、国家发展改革委、工业和信息化部、生态环境部、住房和城乡建设部、交通运输部、中国科学院、中国工程院、国家能源局联合印发《科技支撑碳达峰碳中和实施方案（2022—2030 年）》（国科发社〔2022〕157 号），系统提出科技支撑碳达峰碳中和的创新方向，统筹低碳科技示范和基地建设、人才培养、低碳科技企业培育和国际合作等措施，推动科技成果产出及示范应用，为实现碳达峰碳中和目标提供科技支撑。为新能源发电、智能电网、储能、可再生能源非电利用、氢能等能源绿色低碳转型提供支撑技术。加强前沿和颠覆性低碳技术创新。加快推动强制性能效、能耗标准制（修）订工作，完善新能源和可再生能源、绿色低碳工业、储能等前沿低碳零碳负碳技术标准，加快构建低碳零碳负碳技术标准体系。

（13）2022 年 8 月，工业和信息化部、国家发展改革委、财政部、生态环境部、住房和城乡建设部、国务院国资委、国家能源局联合印发《信息通信行业绿色低碳发展行动计划（2022—2025 年）》（工信部联通信〔2022〕103 号），提出有序推广锂电池使用，探索氢燃料电池等应用，推进新型储能技术与供配电技术的融合应用。支持智能光伏在信息通信领域示范应用。试点打造一批使用绿色能源的案例。

（14）2022 年 8 月，工业和信息化部印发《关于推动能源电子产业发展的指导意见（征求意见稿）》，提出鼓励以企业为主导，开展面向市场和产业化应用的研发活动，扩大光伏发电系统、储能、新能源微电网等智能化多样化产品和服务供给。把促进新能源发展放在更加突出的位置，积极有序发展光能源、硅能源、氢能源、可再生能源，推动能源电子产业链供应链上下游协同发展，形成动态平衡的良性产业生态。 发展先进高效的光伏产品及技术，包括晶硅电池、薄膜电池、光伏材料和设备、智能组件及逆变器、系统和运维等，鼓励开发户用智能光伏系统和移动能源产品。 开发安全经济的新型储能电池。 研究突破超长寿命高安全性电池体系、大规模大容量高效储能、交通工具移动储能等关键技术，加快研发固态电池、钠离子电池、氢储能/燃料电池等新型电池。建立分布式光伏集群配套储能系统，加快适用于智能微电网的光伏产品和储能系统等研发。

（15）2022 年 8 月，国家能源局综合司印发《关于加快推进地热能开发利用项目信息化管理工作的通知》（国能综通新能〔2022〕83 号），要求加快推进地热能开发利用项目（地热能供暖/制冷和地热能发电）信息化管理工作，各省级能源主管部门要根据当地地热能开发利用特点，充分评估并选择国家可再生能源信息管理中心或者国家地热中心等开发的地热信息管理平台，并尽快在全省范围内推广应用，地热能开发利用计入本地可再生能源消费总量，各省按照国家有关文件与新增可再生能源消费不纳入能源消费总量控制做好衔接。 国家可再生能源信息管理中心负责汇总各省（自治区、直辖市）能源主管部门正式提供的数据。

（16）2022 年 10 月，国家市场监督管理总局、国家发展改革委、工业和信息化部、自然资源部、生态环境部、住房和城乡建设部、交通运输部、中国气象局、国家林业和草原局联合印发《建立健全碳达峰碳中和标准计量体系实施方案》（国市监计量发〔2022〕92 号），提出加强重点领域碳减排标准体系建设。 要健全非化石能源技术标准。 围绕风电和光伏发电全产业链条，开展关键装备和系统的设计、制造、维护、废弃后回收利用等标准制（修）订。 建立覆盖制储输用等各环节的氢能标准体系，加快完善海洋能、地热能、核能、生物质能、水力发电等标准体系，推进多能互补、综合能源服务等标准的研制。 要加快新型电力系统标准制（修）订。 围绕构建新型电力系统，开展电网侧、电源侧、负荷侧标准研究，重点推进智能电网、新型储能标准制定，逐步完善源网荷储一体化标准体系。 提出加快布局碳清除标准体系。

（17）2022 年 11 月，工业和信息化部办公厅、国家市场监督管理总局办公厅联合印发《关于做好锂离子电池产业链供应链协同稳定发展工作的通知》（工信厅联电子函〔2022〕298 号），提出鼓励锂电（电芯及电池组）生产企业、锂电一阶材料企业、锂电二阶材料企业、锂镍钴等上游资源企业、锂电回收企业、锂电终端应用企业及系统集成、渠道分销、物流运输等企业深度合作，通过签订长单、技术合作等方式建立长效机制，引导上下游稳定预期、明确量价、保障供应、合作共赢。

（18）2022 年 11 月，国家能源局印发《关于进一步加强海上风电项目安全风险防控相关工作的通知》（国能发安全〔2022〕97 号），提出落实海上风电项目的业主单位是安全生产责任主体，明确加强施工安全管理，加强运维安全管理，加强涉网安全管理，加强应急管理，加强监督管理。

（19）2022 年 11 月，国家发展改革委联合住房和城乡建设部、生态环境部、财政部、中国人民银行印发《关于加强县级地区生活垃圾焚烧处理设施建设的指导意见》（发改环资〔2022〕1746 号），针对县级地区生活垃圾焚烧设施建设，提出分类施策加快提升焚烧处理设施能力。 现有焚烧处理设施年负荷率低于 70% 的县级地区，原则上不新建生活垃圾焚烧处理设施；东部等人口密集县级地区，可适度超前建设与生活垃圾清运量增长相适应的焚烧处理设施；中西部和东北地区等人口密度较低、生活垃圾产生量较少、不具备单独建设规模化垃圾焚烧处理设施条件的县级地区，可与邻近县级地区共建共享建设焚烧处理设施；西藏、青海、新疆、内蒙古、甘肃等人口密度低、转运距离长、焚烧处理经济性不足的县级地区，可继续使用现有无害化填埋场，或合理规划建设符合标准的生活垃圾填埋场。

（20）2022 年 11 月，国家能源局综合司印发《关于积极推动新能源发电项目应并尽并、能并早并有关工作的通知》，要求各单位按照"应并尽并、能并早并"原则，保障新能源发电项目及时并网。 同时要求加大配套接网工程建设，与风电、光伏发电项目建设做好充分衔接，力争同步建成投运。

（21）2022 年 12 月，工业和信息化部联合国家发展改革委、住房和城乡建设部、水利部发布《关于深入推进黄河流域工业绿色发展的指导意见》（工信部联节〔2022〕169 号），提出鼓励青海、宁夏等省份发展储热熔盐和超级电容技术，培育新型电力储能装备。 发挥黄河流域大型企业集团示范引领作用，在主要碳排放行业以及可再生能源应用、新型储能、碳捕集利用与封存等领域，实施一批降碳效果突出、带动性强的重大工程。 支持青海、宁夏等风能、太阳能丰富地区发展屋顶光伏、智能光伏、分散式风电、多元储能、高效热泵等，在河南等省份开展工业绿色微电网建设，推进多能高效互补利用，为黄河流域工业企业提供高品质清洁能源。 提前布局退役光伏、风力发电装置等新兴固废综合利用。

（22）2022 年 12 月，国家发展改革委发布《"十四五"扩大内需战略实施方案》，提出持续提高清洁能源利用水平，建设多能互补的清洁能源基地，以沙漠、戈壁、荒漠地区为重点加快建设大型风电、光伏基地，有序推进氢能基础设施建设，因地制宜发展生物质能、地热能、海洋能应用。 推动构建新型电力系统，提升清洁能源消纳和存储能力。有序推进北方地区冬季清洁取暖。

12 热点研究

12.1 沙漠、戈壁、荒漠大型风电光伏基地

开发以沙漠、戈壁、荒漠（简称"沙戈荒"）地区为重点的大型风电光伏基地是践行国家"双碳"目标、应对全球气候变化的重要战略，是推动能源绿色清洁低碳转型的有效途径，也是保障能源安全供给的重大举措，同时也是改善沙戈荒地区生态环境的重要手段。基地的规划及建设，全面带动了新能源规模化、基地化开发，为推动构建以清洁低碳能源为主体的能源供应体系奠定了坚实基础。

做好顶层设计，明确开发目标、思路及要求

国家发展改革委、国家能源局发布了《以沙漠、戈壁、荒漠地区为重点的大型风电光伏基地规划布局方案》（以下简称《规划布局方案》），明确了发展目标：到 2030 年，规划布局 4.55 亿 kW 的风光基地。"十四五"时期，规划建设风光基地 2 亿 kW（外送 1.5 亿 kW，本地自用 0.5 亿 kW）；"十五五"时期，规划建设风光基地 2.55 亿 kW。

开发思路：以大型风光电基地为基础、以其周边调节电源为支撑、以稳定安全可靠的特高压输变电线路为载体，协调好基地开发规模、调节电源以及外送通道的关系，实现"三位一体"要素协同发展，确保基地高质量建设和高效运行。

开发要求：坚持规模化、集约化开发，严禁碎片化开发；坚持基地开发与生态环境协同发展，开发与治理并举，实现"板上发电、板下经济"综合利用。

科学论证批复，推进基地高质量发展

在顶层设计的指引下，国家发展改革委、国家能源局、各开发企业以及技术咨询机构等行业各相关部门，充分发挥主观能动性以及各自优势，高质量协同推进沙戈荒大型风电光伏基地建设。

沙戈荒大型风电光伏基地合计批复约 2.7 亿 kW。截至 2022 年 12 月底，国家发展改革委、国家能源局印发了第一批、第二批以沙戈荒地区为重点的大型风电光伏基地建设项目清单，总规模为 12753 万 kW（另有 1245 万 kW 预备项目）。

根据《规划布局方案》的相关要求，国家发展改革委前后两次分别对库布齐沙漠、腾格里沙漠、巴丹吉林、青海海南戈壁等 7 个新能源基地的实施方案进行了复函，总规模约为 8660 万 kW。

按"十四五"电力规划的相关布局，规划了哈密—重庆、宁夏—湖南等"三交九直"特高压通道，相应配套建设新能源基地。经科学论

证，国家能源局已批复哈密—重庆、宁夏—湖南、陕西—河南、陕西—安徽、大同—怀来—天津南、甘肃—山东等 6 条特高压通道配套建设新能源基地，合计规模约 6350 万 kW。

做好"五个统筹"，落实沙戈荒基地高标准建设

（1）做好"新能源基地、调节电源、通道"三位一体的统筹。 以风光资源为牵引，谋划好大型风光电新能源基地；充分发挥新能源基地周边清洁高效先进节能的煤电、抽水蓄能等多种调节电源的调节作用；以可再生能源电量占比为约束、稳定安全可靠运行为基准，以特高压通道为载体，形成"三位一体"的新能源供给消纳体系。

（2）做好基地整体规划与分期分批开发的统筹。 基地总体规划要践行"一盘棋"的思路，践行"总体规划、分步实施"的思路，从全局入手，整体把握。 结合新能源建设时序、接入消纳条件、调节电源建设时序、通道建设时序等要素统筹，网源协同，科学谋划基地开发时序。

（3）做好基地开发利用与生态协同的统筹。 沙戈荒地区生态环境相对较为脆弱，基地开发过程要强调项目坚持生态优先、因地制宜、多元融合开发原则，注重与生态环境保护和修复相结合，开展"光伏治沙"、采煤沉陷区综合治理等"光伏＋"生态治理模式，实现基地开发与生态治理协同推进，实现可持续发展。

（4）做好基地开发利用与创新引领的统筹。 沙戈荒大型风电光伏基地作为国家生产力的重大布局，除规模化发展外，要求其充分发挥规模效应，引进行业先进技术，创新引领行业发展。 通过技术、体制机制创新，加快培育可再生能源新技术、新模式、新业态，着力推动可再生能源技术进步、成本下降、效率提升、体制完善、应用场景多元，持续巩固提升中国可再生能源产业竞争力。

（5）做好基地开发战略性与经济性的统筹。 当前部分基地受制于开发建设条件、设备成本、消纳条件等因素影响，开发经济性相对有限，基地开发应统筹考虑战略性、前瞻性、经济性以及社会效益，多维度、多角度、多层次综合评价基地开发效益。

12.2
新型电力系统

2021 年 3 月，党中央提出构建新型电力系统的战略。 2021 年 10 月，国务院印发《2030 年前碳达峰行动方案》，提出构建新能源占比逐渐提高的新型电力系统，推动清洁电力资源大范围优化配置。 2023 年 1 月，国家能源局发布《新型电力系统发展蓝皮书（征求意见稿）》，阐述

了新型电力系统的内涵、发展阶段和总体架构，向全社会征求意见。 总结各机构关于新型电力系统的研究成果，目前行业对新型电力系统的内涵、必要性、关键特征、演化阶段等已基本形成共识。

新型电力系统的内涵及建设必要性

新型电力系统是以确保能源电力安全为基本前提，以满足经济社会高质量发展的电力需求为首要目标，以高比例新能源供给消纳体系建设为主线任务，以源网荷储多向协同、灵活互动为坚强支撑，以坚强、智能、柔性电网为枢纽平台，以技术创新和体制机制创新为基础保障的新时代电力系统，是新型能源体系的重要组成和实现"双碳"目标的关键载体。

中国电力系统是世界上规模最大、电压等级最高的电力系统，如此大规模的电力系统由高碳排放走向碳中和是从 0 到 1 的重大创新，全世界没有经验与样板可以借鉴学习。 加快新型电力系统研究和建设，对于构建清洁低碳、安全高效的现代能源体系，推进中国能源领域供给侧改革、推动能源生产和利用方式变革，具有重大的基础性、前瞻性和战略性意义。

新型电力系统的关键特征达成共识

新型电力系统具备安全高效、清洁低碳、柔性灵活、智慧融合四大基本特征，其中安全高效是基本前提，清洁低碳是核心目标，柔性灵活是重要支撑，智慧融合是基础保障。 新型电力系统将在结构、形态、技术、机制发生深刻转变，具备各维度的关键特征，如图 12.1 所示。

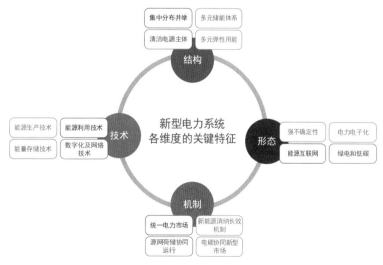

图 12.1　新型电力系统各维度的关键特征

结构特征：清洁低碳电源为主体，煤电为主的传统电源为"压舱石"；大电网与分布式电网互联互动；终端用能的多样化、弹性化和有源化；各环节、跨时空和多场景的储能体系。

形态特征：从确定性系统过渡为不确定系统；电力电子器件主导的电磁耦合；清洁高效的能源互联网；绿电与低碳理念主导。

机制特征：全国统一电力市场机制；新能源消纳长效机制；源网荷储协同运行机制；电碳协同新型交易机制。

技术特征：低碳清洁的能源生产技术；能源高效利用技术；能量高效存储技术；数字化及网络支撑技术。

新型电力系统的演化阶段逐步明朗

构建新型电力系统是一个复杂的系统工程，各发展阶段要重点解决面临的不同问题，各阶段在政策设计上要统筹兼顾好发展和减排、整体和局部、短期和中长期的关系。随着清洁能源比例的不断提高，在充分考虑煤电有序转型和气电适度发展需要的同时，积极发展和友好消纳分布形态的新能源，积极有序发展抽水蓄能、新型储能和核电并与不同发展阶段的技术特征、成本特性相适应。

碳达峰期主要利用现有技术框架挖掘技术潜力，实现规模化储能应

图 12.2　新型电力系统演化阶段

用，突破体制机制痛点；碳中和期大力推进技术创新，实现电源形态、电网形态、用电形态、体制机制等方面的深度变革的发展阶段，以 2030 年、2045 年、2060 年为演化阶段的关键节点，构建新型电力系统的加速转型、总体形成、巩固完善三个演化阶段，如图 12.2 所示。

大力发展新能源，在新能源安全可靠的替代基础上，传统能源逐步退出，构建新型电力系统，加快电力脱碳，推动能源清洁转型，是实现碳达峰碳中和目标的必由之路。

12.3 全国主要流域水风光一体化规划研究

如期实现碳达峰碳中和，能源绿色低碳转型是关键，可再生能源是主力军和先锋队。 需要用新理念、新模式推动可再生能源大规模高质量开发建设。 依托流域水电调节能力，新建一定规模的水电和抽水蓄能项目，对存量水电进行增容扩机，最大程度带动流域周边风光资源基地化、集约化、规模化开发建设，实现多能互补，有助于建立 100% 可再生能源生产输送消费新体系以及长期稳定经济可靠电力保供新能力。 主要研究内容如下。

明确一体化应用情景

按照流域水电和风光资源条件，一体化基地主要包括三种模式：一是水电规模较大，同时具备大规模开发新能源的资源条件，在规划设计阶段，充分考虑一体化开发方式，可以结合扩机、抽水蓄能建设新增外送通道；二是水电规模较大，具备一定的风光资源条件，充分利用现有通道，接入适量的风光资源，提高现有通道利用率；三是流域内水电资源相对较少，但具备优越的风光资源条件，在此条件下，重点研究配合大规模储能、建设新能源基地。

分析一体化开发基础

分析流域水力资源规划方案及批复、水电开发现状及发展规划、水电扩机潜力、抽水蓄能站点资源。 分析流域内风能和太阳能资源条件、开发潜力，核实排除制约因素后可开发项目规模与布局。 分析已建在建输电通道送电方向、送电方式、送出能力，新增规划通道情况。

研究一体化资源配置

综合考虑供电范围及其需求特性，资源禀赋、特性及建设条件，以及环境影响、电网接入条件等，以流域内调节水电站和抽水蓄能电站为主体，开展一体化资源配置研究，进行水风光蓄一体化互补运行计算。对于外送基地，资源配置宜采用新能源利用率、一体化综合利用率、一体化综合利用小时数、一体化综合开发成本、一体化综合上网电价等指标进行评价，并确定推荐方案。 对于本地消纳基地，以不增加系统调峰需求为原则，综合考虑弃电率、经济性等因素，合理确定资源配置方案。

研究一体化规划建设

根据资源配置要求、区域风能和太阳能资源分布状况和特点，综合考虑土地可用性、工程安全、敏感因素避让、建设条件等因素推荐风电场址和光伏发电站址。 结合水电调节能力分析，阐述水电扩机及抽水蓄能电站地形地质、工程布置、施工、建设征地移民安置、环境保护、水源、交通等建设条件。 根据所在区域电网情况、电源规模、电源相对位置等，初拟电源接入方案。 对于围绕存量调节电源开展规划研究的，新增电源应接入原电站。

研究一体化调度运行

结合一体化资源配置成果，综合考虑基地运行的电力联系及梯级水力联系，分析新能源不同发电出力情况下基地一体化调度日内、年内运行方式，绘制典型运行方式示意图。 定性分析一体化调度运行对生态环境以及电站综合利用的影响。

评价一体化经济性

明确各类电源工程投资计列，测算财务内部收益率，分析水风光一体化运行后资源综合利用率、通道利用情况，以及综合开发成本、市场竞争力，评价一体化基地经济性。

研究一体化市场消纳

分析规划水平年目标市场的电力电量空间。 分析一体化基地送电特性与目标市场用电特性的适应性。

提出一体化开发初步方案

根据一体化基地资源配置成果，结合资源特性、基地项目布局和水电开发进度，提出基地开发时序和开发规模。

一体化实施效果及保障措施

从助力碳达峰碳中和、促进经济社会发展、提升基础设施建设和居民生产生活水平等方面分析一体化基地建设实施效果，围绕一体化开发机制、市场化消纳、一体化调度运行及利益协调机制等方面提出一体化基地建设保障措施。

12.4
海上新能源基地

积极推进海上新能源开发建设是保障沿海省份完成碳达峰碳中和目标的重要方向，也是培育现代海洋经济新增长点、支撑海洋强国战略构建实施的重要举措。中国沿海省份经济体量大、发展速度快、用能需求高，高质量推进以海上风电、海上光伏为主的海洋新能源规模化开发建设，能够发挥海洋新能源资源丰富、开发潜力大、资源品质优、距离电力负荷中心近等优势，有助于提升沿海省份能源供应自给率、增强沿海省份清洁电力安全保障能力。海上新能源基地规划实施，将为中国沿海省份能源电力供应保障提供新的发展路径和战略方向。

完善海上风电基地顶层设计，打造海洋能源超级工程

一是完善管理机制。立足新发展阶段，完整、准确、全面贯彻新发展理念，构建新发展格局，持续推进针对深远海海上风电前期规划、竞争性配置、项目核准、海域海岛使用、环境保护、标准规范、保障措施等政策机制研究，推动深远海海上风电开发建设管理相关政策早日出台。

二是明确开发思路。规划建设以优质海上风能资源为牵引、以大型海上新能源工程为基础、以海上柔性输变电送出为支撑的海洋新能源供给消纳体系。以深远海海域为重点，按照项目要素协调、集中连片开发、集约廊道送出、综合立体用海、产业协同创新的基本思路，有序推进山东半岛、长三角、闽南、粤东、北部湾等大型海上风电基地规划布局和项目建设。统筹近海和深远海海陆空间高效利用，强化技术创新和产业保障，鼓励推进海上风电与海洋油气开发、海上综合能源岛、海洋牧场等海洋产业融合示范发展，努力打造海洋新能源超级工程和大国重器。

打造浮式风电原创技术策源地，形成中国新名片

海上风电向深水远岸布局发展将是未来主流发展趋势，水深超过

70m 的深海区域，资源丰富且开发潜力巨大，漂浮式技术将是主要解决方案。 全国首个百万千瓦级漂浮式海上风电试验项目落户海南万宁，观澜号、扶摇号等多个漂浮式样机相继开工，漂浮式海上风电逐步迈入样机实验实证和产业化实施的新阶段。 针对浮式风机、浮式基础、系泊及锚固系统、动态海缆等方面，开展的漂浮式海上风电关键技术与产业链对比分析与合作研究、漂浮式海上风电成本分析、降本路径与合作潜力研究相关工作取得初步成果，涉及漂浮式基础一体化设计、海上能源岛等深远海海上风电开发利用关键技术研究工作持续推进。 未来，要积极打造漂浮式海上风电原创技术装备策源地，建立形成具备全球竞争力的大国重器，占据海上风电行业全球制高点，形成海上风电领域推广应用的"中国新名片"。

推动海上光伏规模建设与政策研究，摸索海洋能源新思路

2022 年，山东省印发《山东省海上光伏建设工程行动方案》，提出要打造"环渤海、沿黄海"双千万千瓦级海上光伏基地，规划总装机规模 4200 万 kW。 2022 年 6 月，山东省完成首批桩基固定式海上光伏项目竞争配置，共计 10 个项目 1125 万 kW，拉开了中国海上光伏规模化、基地化开发的序幕。 2022 年 10 月 31 日，山东半岛南 3 号海上风电场深远海漂浮式光伏 500kW 实证项目成功发电，成为全球首个投运的深远海风光同场漂浮式光伏实证项目，验证了风光同场并网的技术可行性，为未来漂浮式海上光伏商业化开发建设进行了技术路线探索。

在支持管理政策方面，国家发展改革委印发《江苏沿海地区发展规划（2021—2025 年）》（发改地区〔2021〕1862 号），支持探索海上风电、光伏发电和海洋牧场融合发展。 山东省印发《关于推进海上光伏发电项目海域立体使用的通知》（鲁海函〔2022〕155 号），明确了项目用海选址的具体要求，鼓励桩基固定式海上光伏项目与围海养殖、盐田、电厂温排水区、风电场等实施立体综合开发利用。 天津市印发《关于支持能源结构调整规范光伏发电产业规划用地管理意见的通知》（津规资业发〔2021〕257 号），提出光伏发电项目用地（海）政策及监管等要求。 浙江省印发《关于推进海域使用权立体分层设权的通知》（浙自然资规〔2022〕3 号），明确将光伏用海列入立体分层设权适用范围。 福建省印发《关于进一步深化用地用海要素保障全力稳经济大盘的通知》（闽自然资发〔2022〕57 号），支持采取透水构筑物或开放式用海方式发展光伏发电，支持实施海域使用权立体分层设权。

12.5 新型储能与新能源协同发展研究

新能源占比逐步提高，新型储能作用凸显

新型储能是支撑新型电力系统的重要技术和基础装备，对推动能源绿色转型、应对极端事件、保障能源安全、促进能源高质量发展、支撑应对气候变化目标实现具有重要意义。 新型储能可以在源网荷各侧发挥与新能源的协同发展作用，在新能源侧可以平抑新能源输出功率波动，提升新能源消纳量，降低发电计划偏差，提供无功电压支撑等；在电网侧应用可以作为独立储能电站提供调峰调频等服务，缓解电网阻塞，提升电力系统安全稳定性；在用户侧，可以应用于分布式新能源、微电网、工业园区等场景中，助力用户侧能源结构转型。 截至 2022 年年底，大部分省份出台了涉及"十四五"末新型储能装机目标的规划或新能源配置储能的文件，新型储能装机规划规模超过 6000 万 kW，且将"新能源 + 储能"作为储能发展的主要领域。

实际调用难，新能源侧储能盈利不足

新型储能可作为独立储能参与电力市场，但需具备独立计量、控制等技术条件。 另外，风光水火储及多能互补集成项目原则上不能转为独立储能。 新能源侧储能多为分散布置，规模相对较小，且多与新能源共用并网关口，系统调用难度大，实际调用频次、等效利用系数、利用率低于火电厂配储能、电网储能和用户储能。 另外，新能源侧配储在出力计划跟踪、平抑波动等方面收益不明显，成本难以消化，大部分储能项目的盈利能力不足。

促进共享，实现调峰资源更大范围优化配置

共享储能是新型储能最具潜力的应用模式之一。 以山东为代表的多个省份在共享储能的收益机制上做出了许多有益探索，"新能源容量租赁 + 现货交易 + 辅助服务 + 容量补偿"的盈利模式较为适合当前以新能源配储能为主、以电能量市场为主的投资发展阶段。 由于目前中国电力市场还不健全，很多支持政策难以有效落实，共享储能的经济性还无法得到保证。 共享储能的发展既需要政策的支持，更离不开成熟的电力市场机制和盈利模式。 市场机制的建设需要完善顶层设计和细化底层规则，盈利模式则需要在公平的电力市场竞争环境和合理的机制下，通过不断探索和尝试，寻求最大效用发挥共享储能价值的方式。

统筹规划，促进新型储能与新型电力系统协同发展

储能规划属于系统问题，需要根据区域电力系统总体需求和发展情况，并考虑火电灵活性改造、抽水蓄能、省间互济、直流送电曲线优化等其他调节措施，以需求为导向合理确定新型储能建设需求，按需配置优化新型储能的总体规模和类型。另外，在规划布局方面，根据新能源空间分布、电网网架结构及电力潮流分布等情况，分层分区梳理潮流阻塞关键节点，合理布局新型储能变电站，保证储能作用的发挥。

12.6 绿色电力消费核算体系研究

党的二十大报告提出，倡导绿色消费，推动形成绿色低碳的生产方式和生活方式。绿色电力消费是绿色消费的重要组成，绿证是消费绿色电力的唯一凭证。2022 年，国家相关政策明确以绿证作为可再生能源电力消费量认定基本凭证，绿证在制度完善、机制衔接、核发交易等方面取得重大进展，发展利好，获得国际国内社会广泛关注。

绿证制度设计将健全完善

2022 年，国家能源局研究制定《关于完善可再生能源绿色电力证书制度的通知（征求意见稿）》以及绿证核发交易规则，明确绿证的权威性、唯一性、通用性和主导性，聚焦扩大绿证核发和交易范围，明确绿证市场主要成员的权利义务，拓展绿证交易平台，推动绿证核发全覆盖，做好与碳市场、可再生能源电力消纳保障机制的衔接。随着绿证整体制度设计的健全完善，将为推动可再生能源健康持续发展、提升全社会绿色电力消费水平提供支持。

绿证核算可再生能源消费量、消纳量作用将逐步发挥

国家发展改革委、国家统计局、国家能源局联合印发的《关于进一步做好新增可再生能源消费不纳入能源消费总量控制有关工作的通知》（发改运行〔2022〕1258 号）中，明确绿证作为可再生能源电力消费量认定的基本凭证，各省级行政区域可再生能源消费量以本省各类型电力用户持有的当年度绿证作为相关核算工作的基准，企业可再生能源消费量以本企业持有的当年度绿证作为相关核算工作的基准，进一步链接绿证与能耗双控市场。同年，国家发展改革委、国家能源局印发《关于 2022 年可再生能源电力消纳责任权重及有关事项的通知》（发改办能源〔2022〕680 号）也提出，从 2022 年起，逐步建立以绿证计量可再生能

源消纳量的相关制度，引导可再生能源发电在全国范围内合理消纳利用，提高绿色电力消费水平，推动绿证机制得到落实。 绿证作为核算可再生能源消费量、消纳量的基本凭证，将促进形成全国统一绿证体系，为促进中国能源结构转型、满足经济发展合理用能提供支撑。

绿证市场进一步活跃

从国际经验来看，绿证和物理电量本质上相互独立，但交易方式上允许绿证和物理电量"非捆绑交易"的绿证交易模式，以及绿证和物理电量"捆绑交易"的绿电交易模式。 中国自 2021 年 9 月启动绿电交易试点，推动绿证交易方式逐步多元。 在多元化绿证交易模式下，随着无补贴项目绿证启动核发交易，以及碳达峰碳中和目标提出后企业绿色低碳发展需求的持续提出，绿证市场不断活跃。 2022 年，全年核发绿证 2525 万个，对应电量 252.5 亿 kW·h，较 2021 年增长 176.8%；交易数量达到 1435 万个，对应电量 143.5 亿 kW·h，较 2021 年增长 14.7 倍。 截至 2022 年年底，全国累计核发绿证约 6451 万个，累计交易数量 1530 万个，有力推动经济社会绿色低碳转型和高质量发展。

12.7 能源重大基础设施安全风险评估

党的十八大以来，党中央高度重视国家安全工作，成立中央国家安全委员会，提出坚持总体国家安全观，明确国家安全战略方针和总体部署。 中央国家安全委员会办公室印发《关于推进〈"十三五"时期国家安全保障能力建设规划〉实施的工作方案》，对开展国家重大基础设施经济社会风险管理能力建设、建立重大基础设施分级分类登记管理和风险评估制度提出要求。 党的二十大将能源资源安全作为国家安全体系和能力现代化的重要组成部分，提出要强化重大基础设施安全保障体系建设。

"十四五"现代能源体系规划突出能源安全保障

2022 年 1 月 29 日，国家发展改革委、国家能源局印发《"十四五"现代能源体系规划》，提出维护能源基础设施安全，加强重要能源设施安全防护和保护，完善联防联控机制，提升能源网络安全管控水平，合理提升能源领域安全防御标准，健全电力设施保护、安全防护和反恐怖防范等制度标准。 加强应急安全管控，初步建成流域水电安全与应急管理信息平台、水电站（大坝）安全和应急管理平台。

能源基础设施安全风险评估试点顺利推进

为贯彻落实《中华人民共和国国家安全法》和中央国家安全委员会的工作要求，2022 年 6 月，国家能源局印发了《关于开展能源重大基础设施安全风险评估试点工作的通知》，要求结合安全风险分级管控实际，统筹考虑能源基础设施的重要性和代表性，重点在电网、水电、火电、核电等领域开展能源基础设施安全风险评估试点。中国长江三峡集团有限公司、中国华能集团有限公司和国家开发投资集团有限公司作为水电行业三家试点单位，分别推选了三座大型水电工程，从自然风险、内部风险、管理风险和其他风险四个方面开展水电重大基础设施安全风险评估试点，进一步明确了风险防控的重点，提出保障大型水电工程安全运行的对策措施和建议，为全面开展水电重大基础设施安全风险评估奠定了工作基础。

2023 年将制定能源重大基础设施安全风险评估实施细则

2023 年 1 月 30 日，国家能源局发布《2023 年电力安全监管重点任务》，指出要推进能源重大基础设施安全风险评估，制定能源重大基础设施安全风险评估实施细则，推进全面评估和专项评估工作，保障能源重大基础设施安全可靠运行。

13 发展展望及建议

13. 1
发展展望

以可再生能源高质量发展为核心构建新型能源体系

立足于新型能源体系安全低碳的根本特征，在保障新能源"以立为先"、成为能源消费增量主体的同时，可再生能源将进一步提质增效，加快步入高质量跃升发展新阶段。"十四五"期间，预计以新能源为主的可再生能源将继续保持快速增长势头，可再生能源发电量在全社会用电量中占比达到33%。风光领跑装机增长成为发展最快的电源，"十四五"期间电力装机增量超过一半来自风电和光伏，"十四五"末，风电和光伏发电量较"十三五"末实现翻番。"十五五"前期，新能源装机将超过煤电，成为第一大电源。到2030年，可再生能源助力社会经济绿色转型取得显著成效，可再生能源发电量在全社会用电量中占比进一步提升至36%以上。

集中式是新能源供给体系中的"集团军"和"主力军"

"十四五"期间，随着输电通道的建设以及需求侧资源与储能的发展，新能源开发将具备条件进一步向资源条件更好的西部、北部倾斜。沙戈荒大型新能源基地、七大陆上新能源基地等优质资源区集中式开发将继续成为新能源供应的主体。2025年，西北地区风电和光伏装机占全国总装机比例将分别达到28%和29%左右，较2021年增长5~7个百分点，而其他区域风光装机占比保持平稳或略有降幅。对于东部沿海地区，海上风电的大规模开发也将成为电力装机增长的重要力量。"十五五"及以后，随着"三交九直"等大通道建设完成，跨省区电力互济格局基本形成，就地开发利用和高效消纳将成为新能源增长的重点挖掘空间。

推动能源电力系统多元融合，助力可再生能源跃升发展

为了切实提升可再生能源电量在全社会用电量中的占比，需要建立从可再生能源发电到终端消费全过程环节的多元融合系统。在发电环节，需要构建风光火储、水风光一体化等以可再生能源为主的供电系统，耦合不同电源出力的特点和优势，提升清洁能源输出的稳定性和灵活性。在转化和传输环节，在当前以电力为主的中间转化模式下，探索热力、氢能等多元化的能量载体的可行技术方案，形成电力、热力、氢能等多种能量载体并存的可再生能源能量传输体系。在消费环节，分布式就地开发利用可再生能源，提升工业等大用户可再生能源电力使用比

例，通过需求侧响应为新能源消纳挖掘灵活性空间，切实加快可再生能源在消费端对化石能源的替代。此外，还需要实现能源系统与信息技术、互联网技术等其他相关领域的有机融合，提升整个系统的智能化和智慧化水平。

绿色环境价值体系推动可再生能源可持续发展

绿证是消费绿色电力的唯一凭证，是构建可再生能源绿色环境价值体系的重要载体，通过绿证交易，发电企业可获得独立于物理电量收益之外的绿色环境价值收益。在补贴政策逐步退出的新阶段，推动可再生能源可持续发展的驱动力将由财政补贴支持转向基于绿证的绿色环境价值支持，在以物理电量为交易标的物的电力市场和以绿证为标的物的绿证市场共同作用下，以消费激励供给，推动可再生能源可持续发展。

13.2
常规水电

2023 年常规水电预计新增投产 300 万 kW 左右

随着乌东德、白鹤滩、两河口等大型水电站陆续建成投产，并分析目前在建常规水电站建设进展，预计 2023 年常规水电投产规模较"十四五"前两年有所下滑，可能投产水电站（机组）包括金沙江巴塘水电站（75 万 kW），红水河大藤峡剩余机组（60 万 kW）以及岷江龙溪口航电枢纽（48 万 kW）、李家峡 5 号机组扩机（40 万 kW）等电站；考虑部分中小型水电站投产，预计常规水电投产规模在 300 万 kW 左右，"十四五"前三年常规水电投产规模超 3000 万 kW，投产总装机容量达到 3.7 亿 kW 左右。

推进主要流域水风光一体化规划和示范基地建设

水风光一体化是新时期可再生能源高质量跃升发展的重要举措，目前全国主要流域水风光一体化规划研究工作基本完成，基于一体化资源配置、一体化开发建设、一体化项目布局、重点任务等研究成果，组织编制全国主要流域水风光一体化规划，为后续基地建设奠定基础。

结合电源开发、通道建设等基础，推进雅砻江等部分流域水风光一体化示范基地建设，加强示范引领作用，创新管理体制机制，探索可再生能源创新发展路径，助力碳达峰碳中和目标和新型能源体系建设。

推进新时代长江流域水能资源开发与保护研究

《中华人民共和国长江保护法》提出国家加强对长江流域水能资源开发利用的管理。因国家发展战略和国计民生需要，在长江流域新建大中型水电工程，应当经科学论证，并报国务院或国务院授权的部门批准。在全面总结中华人民共和国成立以来特别是党的十八大以来长江流域水电开发建设经验基础上，加快推进新时代长江流域水能资源开发与保护研究，提出总体思路、主要目标、任务措施等，为做好流域水电工程核准提供支撑，推动长江流域水能资源开发与保护协调发展。

13.3
抽水蓄能

加强抽水蓄能项目管理

目前，抽水蓄能项目主要由省级能源主管部门管理。随着抽水蓄能项目的增多，各省将面临较大的抽水蓄能项目管理压力，亟须出台包括抽水蓄能规划、前期工作、核准、开工、验收、改造退役、电网接入、电价形成、运营管理等项目全生命周期的管理制度，以指导本省抽水蓄能又好又快高质量发展。

抽水蓄能发展将进一步坚持需求导向

《抽水蓄能中长期发展规划（2021—2035 年）》的印发为抽水蓄能的发展奠定了坚实的基础，明确了具体的目标。电力系统需求是抽水蓄能发展的导向和边界，随着实现碳达峰碳中和目标、构建新型电力系统、建设新型能源体系等目标的提出，各省（自治区、直辖市）电力需求、电源发展等预测和规划成果发生了较大变化，电力系统对抽水蓄能的合理需求规模也随之发生变化，亟须开展抽水蓄能发展需求更新论证工作，引导抽水蓄能合理有序发展。

新增项目纳规工作还需要进一步规范

抽水蓄能电站投资巨大，拉动投资、带动就业作用强，部分地方过于看重抽水蓄能促进地方经济发展的作用，急于提出大规模的新增纳规项目，远超区域合理需求规模，可能带来投资浪费等不利影响，亟须出台抽水蓄能项目新增纳规技术要求，进一步规范抽水蓄能项目纳规工作。

13.4 风电

2023 年风电预计新增并网装机容量 6000 万 kW 左右

2023 年风电将总体呈现稳中有升的发展态势，预计全年将新增并网装机容量 6000 万 kW 左右，总装机容量达到 4.25 亿 kW 以上。陆上风电方面，目前陆上风电已完成招标的装机容量超过 8000 万 kW，在疫情影响消散的背景下，大部分招标项目有望顺利装机并网。预计 2023 年新增装机容量 5000 万 kW 左右，主要以"三北"地区沙漠、戈壁、荒漠地区为重点的大型风电光伏基地、西南地区水风光基地以及中东南部地区以就近就地和分散式的形式为发展重心。海上风电方面，已经开工在建的海上风电项目超过 1100 万 kW，正在开展前期工作的项目规模超过 3500 万 kW，随着海上风电产业链支撑能力逐步增强、相关管理机制进一步健全，以及广东、山东、浙江等区域的一批相对成熟项目的开工建设，预计 2023 年新增装机容量 1000 万 kW 左右，2023—2025 年海上风电在建规模将基本保持平稳。

风电产业链协同创新发展加速

加快推动风电技术创新进步和产业链协同发展，引导产业健康高质量发展。一是引导资源向海上风电关键设备产能方向聚集。指导各区域通过科学制定产业规划实现产能的合理布局，推动原有产能的技术升级改造，推动海上风电短板产能扩产。二是鼓励具备优势条件的相关企业联合攻关和优势互补。补齐碳纤维叶片、高承载主轴承、IGBT、施工船舶、运维船机、浮体基础制造、动态海缆制造与施工安装短板，增强中国风电产业链供应链弹性韧性，持续巩固提升中国风电产业核心竞争力。三是推进海上风电与相关产业融合发展。鼓励具备优势条件的相关企业共同推进海上风电勘察、设计、施工新技术研究和应用，开展海上风电与相关技术融合发展的研究，如海上风电＋海洋牧场、海上风电制氢、海上风电＋海洋油气等产业融合发展，推进海上风电进一步降本增效。

海上风电向深远海迈进，基础条件逐步落实

随着各产业用海需求不断提高，近海海上风电总体开发潜力有限，中国海上风电建设由近及远发展是必然趋势，深远海海上风电开发基础条件也将逐步落实。一是顶层设计逐步完善。随着国家统筹、省负总责、地方和电网企业及发电企业具体落实的大型风电光伏基地项目工作模式逐步建立，风电项目开发与电网接入、可再生能源利用与传统能源

消纳之间关系日益协调，专属经济区用海管理、涉军影响评估与军地协调、海洋生态环境影响评估、安全监管及预案机制深入完善，深远海海上风电大型基地规划和开发建设管理办法出台实施，将为深远海海上风电开发指明方向。 二是关键技术和体制机制创新应用。 随着高压柔性直流输电、柔性低频交流输电、漂浮式风机、新型浮体结构、系泊系统优化布局、动态海缆等更加经济高效的深远海地区风能资源利用和输送技术创新应用，统筹规划集中送出廊道和基地项目送出工程集中建设运营的创新管理思路及示范应用，将为深远海海上风电基地化开发建设奠定坚实基础。

老旧风电技改推广，"千乡万村驭风行动"实施

一是建议积极完善并发布风电场改造升级和退役体制机制，明确老旧风电场在改造退役实际过程中面临的项目管理、用地审批、环评手续、水保手续、并网接入、价格补贴、循环利用等关键环节的具体管理实施措施，逐步推动老旧风电场技改升级应用，预计 2023 年老旧风电场改造升级将进入小规模批量应用阶段。 二是建议积极组织编制"千乡万村驭风行动"方案，充分利用中国广阔的农村闲散土地资源，发挥分散式风电单体规模较小、接入形式灵活的特点，鼓励"村企合作"和"风供农能"等多种合作模式和应用场景的创新，建立收益分享机制，实现将乡村风电与农村能源革命、乡村振兴等有机结合。

13.5
太阳能发电

2023 年光伏发电预计新增并网 1 亿 kW 左右

在国家全面落实"双碳"目标和全面推进能源产业高质量发展的政策指引下，中国光伏发电产业将进入新一轮高速发展阶段。 2023 年，随着以沙漠、戈壁、荒漠地区为重点的大型风电、光伏基地建设推进，多元化分布式光伏开发模式的拓展创新，户用光伏建设规模的不断扩大，各类型复合式光伏项目、综合能源一体化开发项目的开展以及大型海上光伏基地的逐步实施，中国光伏发电产业将进入集中式与分布式并重的高速发展阶段。 预计 2023 年中国新增光伏发电装机规模将达到 1亿 kW 左右。

光伏发电技术发展持续推进

随着全球范围内光伏市场的持续快速发展，光伏发电技术发展持续推进。 大尺寸光伏电池因其经济性优势市场占有率逐步提升。 经过近

两年的产业化发展，截至 2022 年，182mm 以上尺寸电池片已经呈现出替代小尺寸电池片的趋势，预计 2023 年这一势头将继续保持，或将全面替代 166mm 以下尺寸电池片。 N 型电池市场占有率将进一步扩大。 随着 2022 年各大主流组件厂家纷纷完成 N 型电池、组件产线建设，预计 2023 年 N 型组件产能将进一步扩大，效率更高的 N 型光伏组件市场占有率也将进一步扩大，P 型 PERC 光伏组件的市场占有率将进一步下降，光伏组件技术多元化市场格局将初步成形。

光伏产业链上下游协调发展

随着 2022 年中国主要硅料供应商产能扩充基本完成，2022 年年底硅料价格出现回落，产业供需失配得到一定缓解，光伏终端产品价格随之有所下降。 另外，随着头部企业全产业链建设的逐步完成，主流企业对抗上下游市场波动的能力逐步加强。 2023 年，光伏终端产品价格有望实现稳中有降。 另外，经历了近几年光伏产业链市场波动，行业将以更为长远的眼光、更为理性的态度推动行业上下游的协调发展。

光热发电加快推进降本增效

基于已实施的光热发电与风电、光伏发电基地一体化项目推进建设的经验，光热发电在优化新能源发电工程电网接入、加强储能调节能力和系统支撑能力方面的作用已经得到证实。 2023 年，在进一步推进新能源高质量发展的趋势下，着力推动光热发电关键核心技术攻关、工程施工技术与配套装备创新，研发具有自主知识产权的集成技术，实现光热发电开发建设成本不断下降，将成为进一步推动光热发电大规模应用的关键。

海上光伏探索规模化发展

随着东部沿海省份进入绿色低碳高质量发展阶段，绿电消费需求快速增长。 新能源大规模、高比例发展面临空间约束的挑战，光伏发电走向"深蓝"，探索海上应用新场景，未来发展潜力巨大。 政府部门关注海上光伏发展，谋划海上光伏基地化、规模化发展，积极研究推动支持政策出台。 能源、自然资源、海洋、财政等主管部门形成合力支持发展。 沿海省份探索可借鉴、可复制的海上光伏规模化开发模式和经验，推动海上光伏进入大规模跃升式发展阶段。

13.6
生物质能

生物质发电总体保持平稳增长

城乡有机废弃物的增长和刚性处理需求将推动生物质发电行业持续增长，但受运营成本、经济性及国补退坡政策等影响，不同发电类型投资分化将更趋明显。 一是垃圾焚烧发电建设格局向县域延伸，中部等人口密集县级地区将成为投资重点，推动垃圾焚烧发电稳步增长。 二是农林生物质发电受成本高制约明显，新增投资将明显放缓，亟待完善原料收、储、运政策体系。 三是沼气发电项目碳资产开发潜力大，碳减排交易收益将成为行业新的利润增长点，持续推动行业平稳发展。

完善生物天然气产业发展政策环境

当前，中国生物天然气仍处于发展起步阶段，产业发展的市场机制还不健全，后端产品市场未有效打通，亟待完善有利于生物天然气产业化发展的政策环境，促进生物天然气产业化发展。 一是研究制定适合生物天然气产业特点，促进产业长效发展的补贴政策。 二是完善促进生物天然气发展的用地、税费、电价、并网等配套优惠政策。 三是支持生物天然气示范工程建设，通过产业化项目示范，突破关键技术，探索建立成熟的商业模式，完善产业体系。

积极发展生物质能清洁供暖

生物质能清洁供暖在中国农村地区供暖中占比还不高，大规模推广利用尚需破解诸多制约因素。 一是加强以县为单位，统筹规划布局，协调资源收储，强化项目运营，破解生物质能清洁供暖小而散的问题，提升经济竞争力。 二是研究制定能够体现生物质原料特性的生物质锅炉（炉具）大气污染物排放标准，明确其清洁供暖身份。 三是鼓励地方给予生物质能清洁供暖资金、政策支持，差异化推动实施生物质锅炉集中供暖、"生物质成型燃料＋户用炉具"等不同供暖模式。

13.7
地热能

强化地热资源勘查评价

组织开展重点区地热资源的勘查与评价，查明水热型地热资源的分布、热储特征、资源量等；开展重点区浅层地热能勘查评价，针对水源（地下水、污水）热泵及地埋管地源热泵分别开展适应性分区评价；并对地热资源开采技术经济条件作出评价。 将勘探评价数据统一纳入数据管理平台，各省份公开发布地热资源分布及开发利用分区图，为合理高效开发利用提供科学依据，使市场主体能够按图索骥，瞄准开发区域，精准开发，高效开发。

积极推动地热高质量示范区建设

在地热资源较好地区，积极推动地热高质量示范区建设。示范区将地热供暖纳入城镇基础设施建设，提升地热能在建筑供热中的应用比例，积极推进绿色清洁能源对常规能源的替代，加强地热资源开发利用的环境影响监测评价，规范和加强监督管理；示范区地热开发与旅游业、农业、工业相结合，地热能梯级开发利用与数字化、智能化发展相结合，推进地热能综合利用、智能化发展；示范区地热开发管理职责明确，项目审批备案流程科学合理，管理模式创新高效，能充分激发市场主体开发活力。以点带面快速带动地热能开发利用的规模化发展，推动地热能成为清洁取暖的重要力量。

全面落实地热项目信息系统管理

各省将地热项目信息纳入统一的管理平台，对项目开展监测及预警，供暖期内，按月更新。地热能信息系统的建设能起到地热能项目管理的"统一（统一归口和统一责权）、实时（实时更新和实时分析）、合理（合理开发和科学规划）"作用，为充分掌握中国地热能开发真实现状，为制定地热能行业管理方法、准确的发展方向、合理的规划目标提供更充分的数据支撑。各地应顺势而上，尽早借助国家规范可再生能源发展的东风，特别是地热能发展的大好态势，组织做好地热能信息化管理工作，为地热能行业规模化、可持续发展奠定基础。

13.8
新型储能

新型储能呈现蓬勃发展趋势

在《关于加快推动新型储能发展的指导意见》中提出，到 2025 年，实现新型储能从商业化初期向规模化发展转变，装机规模达 3000 万 kW 以上，并要求省级能源主管部门开展新型储能专项规划研究。截至 2022 年年底，全国大部分省份出台了"十四五"新型储能规划或新能源配置储能文件，发展目标合计超过 6000 万 kW，新型储能产业呈现蓬勃发展趋势。在应用场景方面，近年来，发电侧及电网侧储能装机占比一直处于持续升高态势，预计未来 5 年，新能源配储、独立储能仍将是中国新型储能的主要应用场景，表前储能装机占比有望进一步提升。

加快规范省级区域新型储能整体规划

为避免"一刀切"按比例配置储能的情况，建议加强区域规模化储能整体规划研究，有效指导多品种新型储能技术的协同规划，发挥不同时间尺度的多种储能技术的协同作用。 一方面，根据区域电力系统总体需求情况，以需求为导向，分析不同时间尺度的各类储能建设需求，优化新型储能技术的规模和类型；另一方面，根据电网接入条件和电力潮流分布情况，合理确定新能源配建储能的比例、时长以及布局，实现区域内不同地区的差异化配置。 为促进区域储能规划的合理、有序发展，结合各地新能源消纳需求，因地制宜按需配置储能规模和类型，建议强化相关规划设计标准研究，编制参考范本。

切实提升新型储能实际利用率

新型储能尤其是新能源配储利用率不足的问题引发行业关注，切实提升新型储能利用效率对储能行业的发展具有重要意义。 一方面，地方能源主管部门抓紧完善新型储能管理细则，落实《电力辅助服务管理办法》（国能发监管规〔2021〕61 号）要求，制定本地区适应新型储能参与市场的并网运行、辅助服务管理实施细则，明确新型储能在中长期、现货、辅助服务市场的主体地位。 另一方面，明确新型储能调度交易准入标准和边界，明确新型储能在各类市场中的容量准入标准和安全技术标准，以及参与电力市场的电源或负荷身份。 再一方面，优化新型储能市场交易机制，一是在交易组织上，充分发挥新型储能容量、电量多重价值，允许同时参与各类电力市场，在交易申报、交易出清、调度调用环节同其他市场主体享有同等权利并适当优先，提升利用效率；二是在交易模式上，推动新型储能与新能源打捆参与中长期交易，鼓励签订顶峰和低谷时段市场合约；三是在交易品种上，引入有偿一次调频、惯量、爬坡等新交易品种。

强化电化学储能电站安全管理

加强规划设计安全管理，坚持底线思维，加强安全风险评估与论证，合理确定电化学储能电站选址、布局和安全设施建设；重视电化学储能电站运行维护安全管理，强化日常管理，加强人员培训，落实运行维护、检修试验、应急处置方案等。

13.9
氢能

可再生能源制氢将为实现长期减碳目标发挥重要作用

国际能源署（IEA）《2022年可再生能源报告》显示，可再生能源制氢备受各国关注，欧盟和25个国家已制定计划将氢作为清洁能源来源。在主要情景中，2022—2027年将有约50GW可再生能源电力装机容量用于制氢，占其增量的2%。 随着电解水制氢成本下降和下游应用场景建立，未来可再生能源制氢市场将迎来更好增长态势，在碳中和进程中发挥重要作用。

氢储能将成为中长周期新型储能的较好选择

在新型储能领域，化学储能电池在中、长时间尺度（周以上）的高自放率影响了其跨月、跨季节应用。 除抽水蓄能以外，氢储能是新型储能的重要应用方向，具备大规模、长周期等优势，可实现可再生能源电力时间、空间的转移，有效提升能源供给质量和可再生能源消纳利用水平，将成为拓展电能利用、解决可再生能源随机波动的有效方式。

探索氢能产业非财政补贴扶持政策

长期来看，目前中国以补贴为主的氢能扶持政策模式难以持续，除直接财政补贴手段外，建议有条件的地区探索适合本地实际的土地、税收、电价等方面优惠政策，降低企业生产成本以及减少地方财政直接支出，减轻企业、地方政府财务压力；适当放宽氢能产业用地、流程审批限制；通过配置营运指标、公共部门采购以及更新置换等手段扩大市场需求，鼓励消费端选择氢能汽车。 丰富氢能产业非财政补贴激励政策，促进相对单一的补贴政策体系转向多元化。

加快氢能产业数字化智能化转型的示范应用

中国氢能产业数字化智能化转型的示范应用，有利于加快氢能产品技术迭代，有利于强化氢能产业安全管理，有利于加快氢能产业化发展。 因此，一是建议根据软硬件开发、数据采集分析和终端实现条件，借助云计算、大数据、物联网等技术，开展氢能数字化运营平台项目示范应用，实现氢能项目全生命周期管理，助力企业智能化制造；二是建议开展国家氢能产业大数据平台建设，统筹行业数字化资源，搭建产业基础数据库，配套建立科学统一的氢能产业发展统计制度。

声　　明

本报告内容未经许可，任何单位和个人不得以任何形式复制、转载。

本报告相关内容、数据及观点仅供参考，不构成投资等决策依据，水电水利规划设计总院不对因使用本报告内容导致的损失承担任何责任。

如无特别注明，本报告各项中国统计数据不包含香港特别行政区、澳门特别行政区和台湾省的数据。部分数据因四舍五入的原因，存在总计与分项合计不等的情况。

本报告部分数据及图片引自国际可再生能源机构（International Renewable Energy Agency）、国际水电协会（International Hydropower Association）、国家统计局、国家能源局、中国电力企业联合会等单位发布的数据，以及 Renewable Capacity Statistics 2022、中华人民共和国 2022 年国民经济和社会发展统计公报、2022 年全国电力工业统计数据、中国风能太阳能资源年景公报 2022、储能产业研究白皮书 2023、2023 中国新型储能产业发展白皮书、中国光伏产业发展路线图（2022—2023 年）等统计数据报告，在此一并致谢！